产状复杂矿体分区协同开采技术

Zoning Synergistic Mining Technology of the Orebody with Complex Occurrence

陈庆发　吴贤图　肖体群
韦志兴　段志伟　唐秀伟　著

中南大学出版社
www.csupress.com.cn
·长沙·

内容简介 / Introduction

本书以第一作者提出的"协同开采"理念为指导，拓展形成"分区协同开采"思想，结合产状复杂矿体开发这一具体领域的技术需求，提出"产状复杂矿体分区协同开采"思路，并将这一思路科学化、技术化和工程化。其主要内容包括：产状复杂矿体分区协同开采思路；产状复杂矿体分区技术；产状复杂矿体矿石地下运输功多维竞争与算法；产状复杂矿体开采协同步距类型与计算方法；产状复杂矿体分区协同开采适用采矿方法；产状复杂矿体分区协同开采衔接工程布设；产状复杂矿体分区协同开采工程实践；产状复杂矿体采空区处理方案与实施。

本书可供金属矿与非金属矿地下开采领域的科研与工程技术人员、高等院校教师、高年级的本科生和研究生参考使用。

作者简介 /

陈庆发，男，1979 年 7 月生，河南郸城人，博士，博士后，教授，博士生导师，现任广西大学资源环境与材料学院副院长、矿物资源系主任；获全国高校矿业石油与安全工程领域优秀青年科技人才奖、全国绿色矿山突出贡献奖、湖南省优秀博士学位论文奖；入选第一批广西高等学校千名中青年骨干教师培育计划；兼任国家科学技术进步奖评审专家、国家自然科学基金评审专家、南华大学客座教授、《金属矿山》杂志编委、广西高校矿物工程重点实验室主任、广西锰业人才小高地技术顾问等；担任《金属矿山》杂志"金属矿山协同开采理论与技术研究"专辑(2020 年第 5 期)特约主编。

长期从事采矿工艺、岩石力学、工程灾害防治等方面的研究工作。近年来，先后提出"协同开采"重大采矿科学命题、"同步充填"采矿技术理念和"岩体结构解构"概念以及岩体结构均质区三维划分方法、岩体质量 RMR_{mbi} 分级方法等学术思想，发展了空区隐患资源协同开采技术、金属矿床地下开采协同采矿方法、产状复杂矿体分区协同开采技术、同步充填柔性隔离层下散体介质流理论、地下矿山岩体结构解构理论与方法、结构均质区三维划分与岩体质量分级一体化等原创知识体系。

主持国家自然科学基金、国家公益性行业科研专项课题、国家重点研发计划子课题、中国博士后科学基金、广西自然科学基金重点项目等科研项目 40 余项；发表学术论文 220 多篇，其中以第一作者(或通讯作者)在 International Journal of Rock Mechanics and Mining Sciences、Rock Mechanics and Rock Engineering、中国科学、岩石力学与工程学报等 SCI & EI 检索源期刊发表论文 60 多篇；以第一著者(或独著)出版《隐患资源开采与空区处理协同技术》《地下矿山岩体结构解构理论方法及应用》《金属矿床地下开采协同采矿方法》《同步充填柔性隔离层下散体介质流理论》等学术专著 5 部；以第一发明人获授权国家发明专利 10 项；获广西科学技术奖二等奖/三等奖、中国有色金属工业科学技术奖一等奖/二等奖和湖南省科学技术进步二等奖等科研奖励 10 余项。

吴贤图，男，1963年11月生，广西兴业人，教授级高级工程师，现任南方锰业集团有限责任公司生产管理部总经理，兼任广西区安全生产专家、广西大学研究生导师、中国冶金矿山企业协会团体标准化工作委员会委员。主要从事矿山开采技术研究及生产管理等工作，主持和参与科研项目20项，其中省部级2项。在《金属矿山》《中国锰业》《现代矿业》等国内高水平刊物上发表论文6篇，获国家发明专利2项。获2016年度中国有色金属工业科学技术奖一等奖、2017年度湖南省优秀工程咨询成果二等奖。

肖体群，男，1995年9月生，湖南隆回人，硕士，助理工程师，南方锰业集团有限责任公司大新分公司采矿技术员。发表学术论文4篇，其中SCI检索论文1篇；获授权国家发明专利1项。

韦志兴，男，1981年5月生，广西都安人，高级工程师，现任南方锰业集团有限责任公司天等锰矿分公司副总经理(负责全面工作)兼集团公司生产部副总经理。兼任广西大学研究生导师、广西区安全生产专家、南宁市应急管理专家，入选广西崇左市人才支持计划的企业骨干人才序列。主要从事矿山开采技术研究及矿山工程建设、安全管理等工作；在《金属矿山》《中国锰业》《现代矿业》等国内高水平刊物上发表论文8篇，获2项授权国家发明专利；获2017年度全国冶金行业优秀工程设计二等奖、2018年湖南省优秀工程咨询成果一等奖、2019年度广西科学技术奖二等奖、2019年度大新县总工会五一劳动奖章等多项奖励和荣誉称号。

段志伟，男，1988年11月生，湖南衡阳人，中级工程师，现任南方锰业集团有限责任公司大新锰矿分公司总经理助理。主要从事矿山工程建设、开采技术、安全管理及技术研发等工作；在《金属矿山》《中国锰业》《现代矿业》等国内刊物上发表论文10篇；获2013年度崇左市五一劳动奖章、2019年度广西科学技术奖二等奖、2021年度广西壮族自治区五一劳动奖章等。

唐秀伟，男，1977年3月生，广西都安人，正高级工程师，现任南方锰业集团有限责任公司生产部总工程师。兼任广西大学研究生导师，入选2014年度广西北部湾经济区优秀中青年专业技术人才计划。主要从事矿山开采技术研究及矿山工程建设、安全管理等工作；在金属矿山、中国锰业等国内高水平刊物上发表论文8篇；获授权国家发明专利2项；获2016年度重庆市科学技术奖一等奖、2017年度全国冶金行业优秀工程设计二等奖、2018年湖南省优秀工程咨询成果一等奖、2019年度广西科学技术奖二等奖。

前　言

矿业是工业的命脉，并被誉为"工业之母"，是人类社会赖以生存和发展的基础产业，为国民经济提供源源不断的能源和金属等原料。随着近几十年我国经济的高速发展，易采矿产资源逐步消耗殆尽，一些开采难度大、隐患多、工程目标复杂的难采资源开采问题逐渐浮出水面，受到了人们的高度重视。

近些年，在开发复杂难采资源时，部分矿山企业基于"以法套矿"的旧观念采用传统技术，导致生产效率低、安全性差、劳动生产率低、资源回收率低等问题，使矿山很难产生良好的经济效益和安全效益，甚至面临巨额亏损或者无法回采的尴尬局面；另有部分矿山企业迫于技术局限，选择了"采易丢难"的开采模式，摒弃了部分难采资源，造成了不可再生资源的严重浪费。这两种情形均与我国新时代"创新、协调、绿色、开放、共享"新发展理念、坚持节约资源和保护环境的基本国策不相适应。因此，对于难采资源的开发，当前亟需一些新思想、新理论、新技术、新工艺和新方法予以指导。

产状复杂矿体作为复杂难采资源的一种典型类型，常因某一要素或多种要素的共同作用，开采过程中出现了生产效率低、资源回收率低、劳动生产率低、生产成本高、采矿工艺不顺畅等系统失衡现象或片帮、冒顶、规模性塌陷等灾害后果。前人在开展相关开采问题研究过程中，多数聚焦于单一采矿方法的选择问题，较少考虑多采矿方法之间的竞争与协同，缺少从矿山开采系统的角度对开拓系统、区域间衔接工程、协同步距等问题的深入研究，未形成一套完备的产状复杂矿体开采技术体系。

本书以第一作者2008年提出的"协同开采"理念为指导，拓展形成"分区协同开采"思想，结合产状复杂矿体开发这一具体领域的技术需求，提出"产状复杂矿体分区协同开采"思路，整合8年来课题组承接的南方锰业集团有限责任公司(原中信大锰矿业有限责任公司)若干产状复杂矿体研发项目研究成果，辅以相关基础研究成果，梳理其内在逻辑，集结成册，初步尝试建构产状复杂矿体分区协同开采技术知识体系。

全书共分 8 章。其中，第 1 章产状复杂矿体分区协同开采思路，主要介绍产状复杂矿体的内涵与地质成因、开采系统的失衡现象与灾害后果以及分区协同开采、产状复杂矿体分区协同开采的定义与内涵等内容；第 2 章产状复杂矿体分区技术，主要介绍产状复杂矿体的分类及分区的意义、原则与一般方法等内容；第 3 章产状复杂矿体矿石地下运输功多维竞争与算法，主要介绍传统矿山地下运输功算法、竞争与多维竞争的涵义、矿石地下运输功竞争与竞争维度的内涵以及多维竞争的矿石地下运输功算法等内容；第 4 章产状复杂矿体开采协同步距类型与计算方法，主要介绍协同步距的内涵、产状复杂矿体开采协同步距类型以及相关计算方法等内容；第 5 章产状复杂矿体分区协同开采适用采矿方法，主要介绍使用的传统采矿方法与其在回采产状复杂矿体时的不足、协同采矿方法创新路径、适用于产状复杂矿体回采的协同采矿方法以及分区协同开采多采矿方法竞争与协同等内容；第 6 章产状复杂矿体分区协同开采衔接工程布设，主要介绍衔接工程的定义和产状复杂矿体分区协同开采衔接工程的涵义以及褶皱区、断层区衔接工程布置设计等内容；第 7 章产状复杂矿体分区协同开采工程实践，主要介绍了大新锰矿矿区基本概况、西北地采区段产状复杂矿段开采工程背景、产状复杂矿段分区技术和矿石地下运输功的计算以及各区适用采矿方法的选择与创新设计、部分衔接工程的设计与布置等内容；第 8 章产状复杂矿体采空区处理方案与实施，主要介绍了产状复杂矿段采空区综合信息、围岩稳定性评价和单空区安全性分级、处理方法优选以及产状复杂矿段采空区处理方案及其实施等内容。

全书由陈庆发教授策划与统稿，由陈庆发、吴贤图、肖体群、韦志兴、段志伟和唐秀伟共同撰写完成。

书稿撰写过程中参阅了相关学者的文献、发明专利和学术著作；博硕士生甘泉、牛文静、陈青林、黄昊、王辉、林开汕、李世轩、胡华瑞、蒋腾龙、Ts. Erdenetsogt、郑文师、刘俊广及本科生杨承业、岳旭等在现场调研、资料收集、文字校核等方面做了大量工作；同时，南方锰业集团有限责任公司(原中信大锰矿业有限责任公司)在科研立项、资料收集、技术论证等方面提供了强有力的支持。在此，一并表示感谢！

本书是作者在协同开采领域的系列探索性成果之一。由于作者水平有限，书中存在的错误和不妥之处在所难免，恳请读者批判指正，不胜感激！

著者

2021 年 8 月 31 日

目　录

第 1 章
产状复杂矿体分区协同开采思路

1.1　产状复杂矿体

（1）矿体的形状与形态

现有文献涉及矿体的形状与形态的表述有"矿体形态各异""矿体形状不规则""矿体形状多变"等，这反映了我国学者对矿体形状和形态含义的理解存在一定差异。姚凤良等[1]认为矿体形状就是矿体在空间的产出形态，根据矿体在空间三个方向的延伸情况分为等轴型矿体、柱状型矿体、板状型矿体、过渡型矿体、复杂型矿体等；并指出矿体产状是指矿体在空间上产出的方位，包括空间位置（倾角、走向、倾向等）、埋藏深度、矿体与围岩层理或片理的关系、矿体与火成岩空间关系、矿体与地质构造空间关系等。解世俊[2]将矿体形状划分为层状、脉状和块状。杨言辰[3]等认为矿体形态是指矿体外部轮廓、面积、厚度和受构造破坏程度及它们的变化性质和变化程度；张万良[4]认为矿体形态是矿体外形和内部构造的总和。

世间万物皆有形，因职业的不同对于形的认知也不一样，如：在工程师眼里，万物是物理的存在形式，是有尺寸和体积大小的形状，是可测定的、可识别的轮廓；在设计师眼里，万物具有物理存在形式的形，又带有象征意义的态，具有神态的形状。还有学者主张，形状是二维的，形态是三维的，形状只是形态的一个面向。由此可见，形态包含的范围比形状更广，形态不仅仅是指事物的形状，还可以表示事物的表现形式（固态、液态等）、内部结构、传达出的感觉等。不同专业对于同一事物的侧重点不一样，同一事物的形状和形态在不同专业里的重要程度也不同。在地质学领域，研究人员为了探究矿体成因以及下一步找矿，用形态描述矿体更为贴切，不仅包括矿体的形状，还包括矿体的内部结构等；在采矿学领域，研究人员更多的是考虑矿体形状会给开采作业带来哪些影响。

（2）产状

产状指事物的产出状态。李小明等[5]认为岩层产状是指岩层在空间存在（产出）的状态和方位，可用走向、倾向和倾角等三个要素表示；矿体产状系指矿体在空间上产出的空间位置和地质环境,具体包括倾向、倾角、走向、埋藏深度、矿体与侵入体关系、矿体与围岩关系等。解世俊将倾角、厚度和形状作为影响采矿方法选择的主要产状要素。武彬[6]认为沥青产状是指岩石中的烃类与围岩的成因联系、赋存状态与分布特征。戴启德和黄玉杰[7]认为油田水产状按水的贮存状态可分为吸附水、毛细管水和自由水三种。许运新[8]认为天然气产状根据所含甲烷和凝析(或残余油)油量的不同可分为湿气、干气、凝析气三种;按分布特点可分为聚集型气(气藏气、气顶气、凝析气)、分散型气(油溶气、水溶气、煤层气、气水合物);按与油产出关系可分为伴生气、非伴生气。

虽然产状系指事物在空间的产出状态,但不同领域事物的产出状态差别很大,其表达的具体含义不尽相同;且同一事物从不同的角度带着不同的目的出发,其产状的主要要素也不尽相同。

(3)矿体产状、产状复杂矿体与矿体形状的内涵

目前有关矿体形状、形态和产状的词汇涵义尚不统一。本书从采矿学角度,阐述矿体产状、产状复杂矿体与矿体形状三项固定词汇的内涵。

矿体产状,指矿体的产出状态,主要包括矿体的倾角、厚度、走向三要素,示意图如图1-1所示。

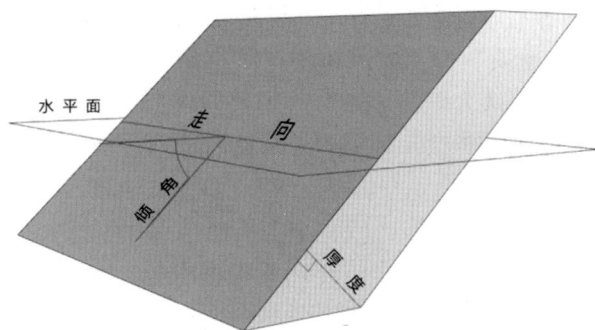

图1-1 矿体产状三要素示意图

产状复杂矿体,指倾角、厚度和走向三要素中任一要素或两组合要素或三要素发生明显变化的矿体,如图1-2所示。

矿体形状,指对矿体轮廓的定性描述,涉及矿体产状三要素(倾角、厚度和走向)发生变化的程度。常以生活中其他类似不规则形状的事物来描述不同形状的矿体,如透镜状矿体、羽状矿体、网格状矿体、扁豆状矿体、筒状矿体、梯状矿体等,如图1-3所示。

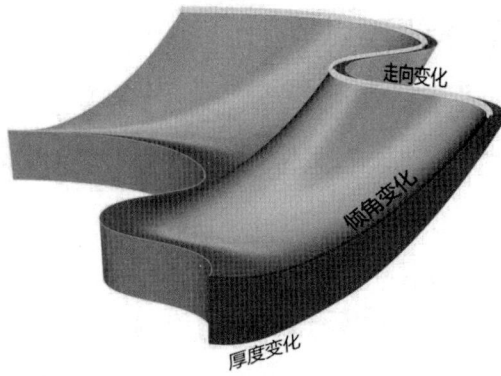

图 1-2　产状复杂矿体示意图

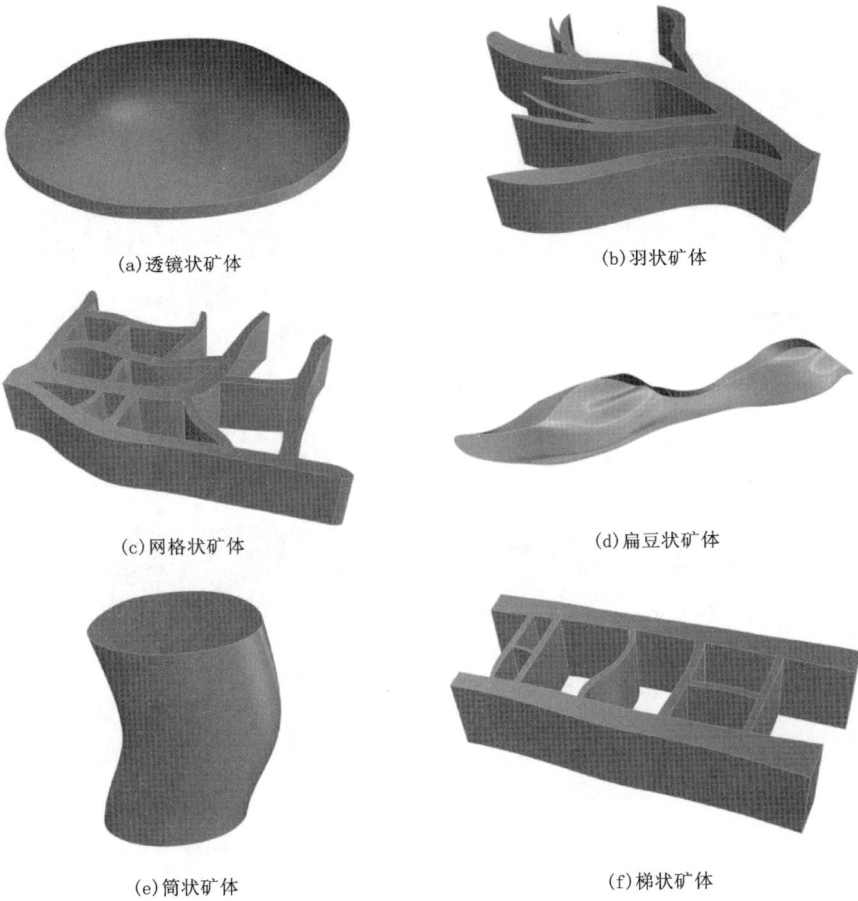

(a) 透镜状矿体

(b) 羽状矿体

(c) 网格状矿体

(d) 扁豆状矿体

(e) 筒状矿体

(f) 梯状矿体

图 1-3　不同形状的矿体

1.2 产状复杂矿体的地质成因

矿体产状复杂正是长期以来各种地质作用产生的结果。影响矿体产状的地质因素主要是构造、岩性条件、成矿方式等,其中成矿的构造条件对矿体的产状有决定性作用[9]。

(1)褶皱控矿构造

褶皱构造作用下,矿体产状和形态往往随褶皱的产状、形态和不同构造部位而变化[10]。成矿前和成矿期的褶皱,约束着矿体成矿空间,影响着矿体的产状和形态,如图1-4所示。成矿后的褶皱,以应力改造矿体的方式来使矿体的产状和形态发生变化,如图1-5所示。

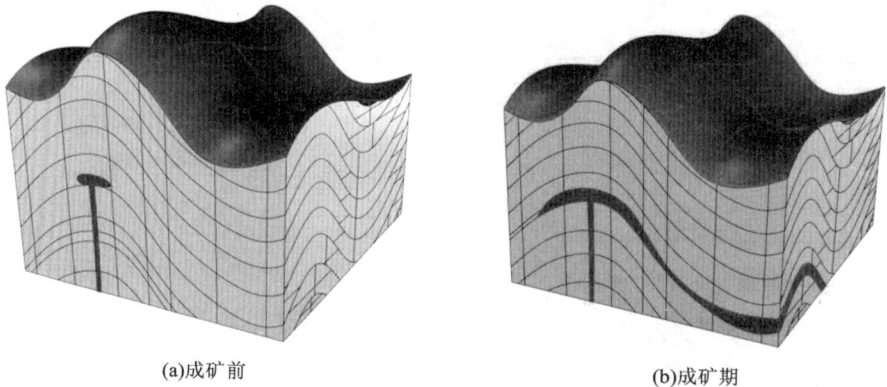

(a)成矿前　　　　　　　　　　　　(b)成矿期

图1-4　褶皱对矿体形成时的产状控制示意图

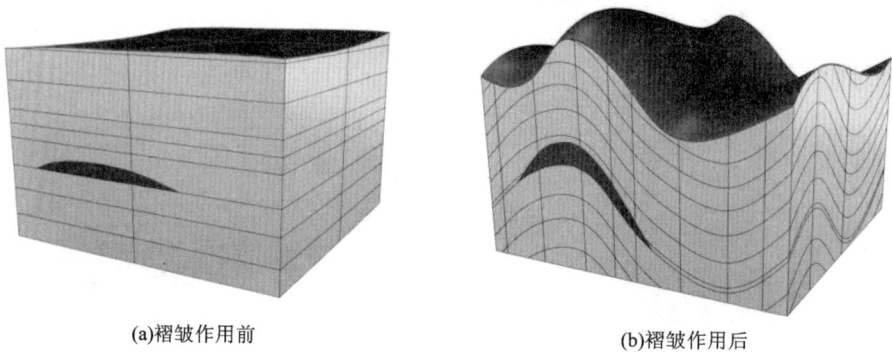

(a)褶皱作用前　　　　　　　　　　(b)褶皱作用后

图1-5　褶皱对矿体形成后的产状控制示意图

（2）断裂控矿构造

断裂构造，包括各种断层、裂隙，是地壳中常见的构造形式之一，与成矿关系极为密切。成矿前和成矿期的断裂，对内生成矿提供成矿流体的通道和成矿场所[11]，对外生成矿则影响沉积环境，均控制着矿体的空间分布和产状（见图1-6）；成矿后的断裂使矿体受到明显改造，矿体的产状和形态发生突变（见图1-7）。

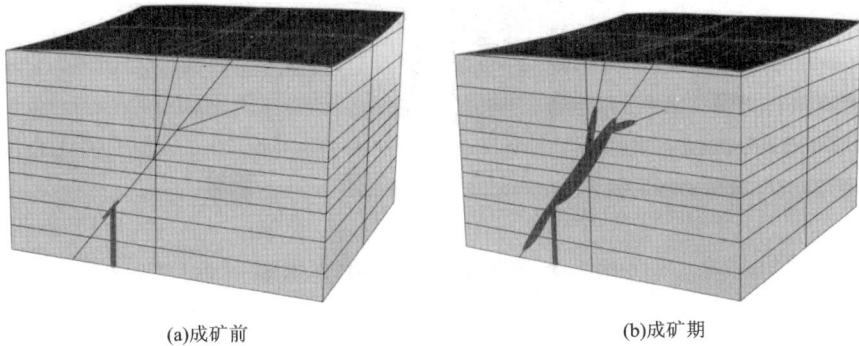

(a)成矿前　　　　　　　　　　　　　　(b)成矿期

图1-6　断裂对矿体形成时的产状控制示意图

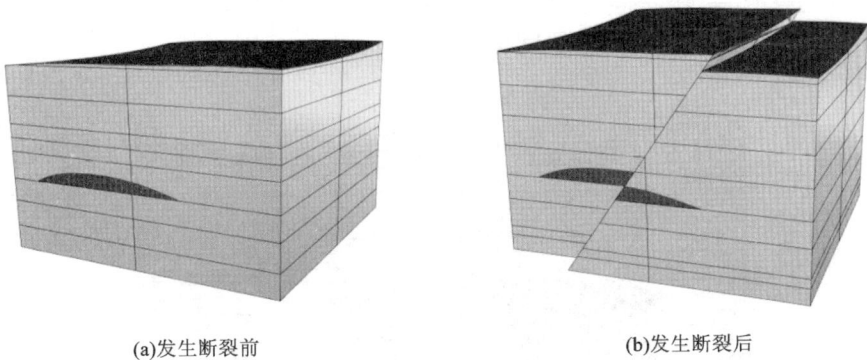

(a)发生断裂前　　　　　　　　　　　　(b)发生断裂后

图1-7　断裂对矿体形成后的产状控制示意图

（3）火山构造

火山成矿作用下的矿体产状和形态受制于火山构造，常见的火山构造有火山穹窿构造、火山口及火山通道构造、爆发岩筒构造（见图1-8）、环状（半环状）构造、次火山岩体构造。如安徽某铁矿床，矿区构造为火山口边线的穹窿构造，矿体呈扁钟状产于其中。

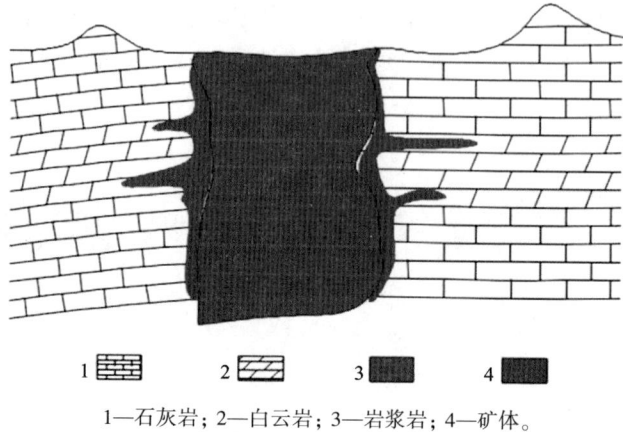

1—石灰岩；2—白云岩；3—岩浆岩；4—矿体。

图 1-8　爆发岩筒构造剖面示意图

（4）岩性条件与成矿方式

岩性条件与成矿方式往往联系密切，共同影响矿体形成期间的产状和形态。当断裂切割不同物理及化学性质的岩石时，由于岩石的化学性质不同，在不同的岩层中有不同的成矿方式（见图 1-9）。成矿流体在化学性质活泼的岩石中发生交代作用，可形成规模大、不规则层状的矿体；成矿流体在化学性质稳定的岩石中主要发生裂隙充填作用，形成的矿体产状和形态受裂隙控制。

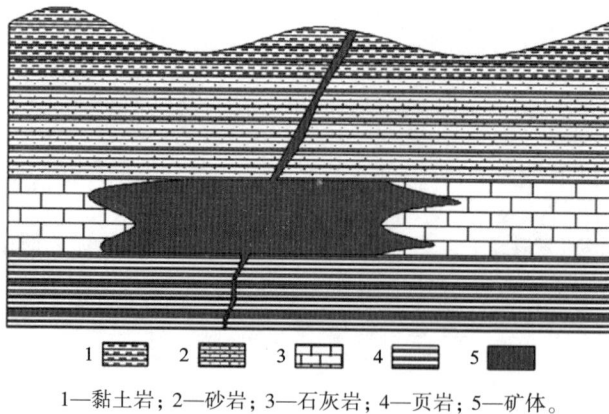

1—黏土岩；2—砂岩；3—石灰岩；4—页岩；5—矿体。

图 1-9　不同岩性下的矿体成矿方式示意图

1.3　产状复杂矿体开采系统的失衡现象与灾害后果

产状复杂矿体的主要特征，就是产状三要素中其一、其二或三要素发生变化。一般来说，矿体倾角变化主要影响采场内的矿石运搬方式。矿石运搬方式不同，其对应的采矿方法也不同，且倾角对运搬的影响还与矿体厚度有一定的关系，同时矿体倾角对于开拓方法的选择，也有很大影响；矿体厚度变化影响采矿方法和落矿方法的选择以及矿块的布置方式；矿体走向变化影响着阶段运输巷道或其他巷道的工程布置。两要素的组合变化或三要素变化，综合影响更为复杂。

要素的变化，将给矿体的有效开采带来很大困难。相比产状单一矿体的开采，产状复杂矿体的开采易出现如开采初期成本高、采场生产能力低、矿石损失率与贫化率高、运输提升费用高等问题，这些问题均表明产状复杂矿体开采系统出现了一定程度的失衡。除去经济指标差的失衡现象外，因矿体产状的复杂性，可能导致采矿工艺流畅度差、工程安全性低等方面的问题；甚至因开采活动，导致片帮、冒顶、规模性坍塌等灾害后果。

1.3.1　开采系统失衡现象

矿体产状的变化，有时以单一要素变化为主，有时是多要素变化共存。如：

(1) 倾角变化的产状复杂矿体

云南永仁团山铜矿床属滇中中生代湖湘含铜砂砾岩型沉积矿床[12]。矿区内，共揭露 15 个矿体，主矿体为Ⅰ-1 和Ⅰ-2，共占处理的 91.4%，如图 1-10 所示。

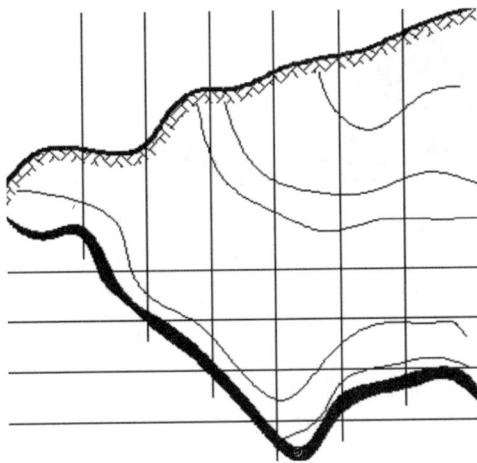

图 1-10　云南永仁团山铜矿主矿体剖面图

Ⅰ-1 号矿体分布在 103 号~10 号线间，矿体长 1260 m，地表矿化不连续，分南北两端出露；矿体最宽处为 350 m(6 号线)，最窄处 75 m(10 号线)，平均宽 235 m；矿体平均厚度 2.18 m，最厚达 9.98 m；矿体由南向北倾斜，纵向上平均倾角 16°，横向上倾角变化较大，由 20°~45°为主，局部达 60°~70°，甚至更陡。Ⅰ-2 号矿体产于Ⅰ-1 号矿体以北(11~18 号矿体间)，呈条带状产出，走向 NE20°，与岩层走向夹角 15°~18°，长轴长 880 m，最宽 185 m，最窄 65 m；平均宽 110 m，平均厚度 1.78 m，最厚 4.83 m。主矿体起伏受次一级褶皱形态影响而变化较大，其复杂性主要体现在矿体倾角变化方面。

矿山企业分别使用了单一的留矿全面空场法、全面爆力房柱空场法、长柱空场法等采矿法来回采主矿体，但均未能克服低采掘比、矿石回收率高的系统失衡现象。

(2)倾角和厚度均变化的产状复杂矿体

陕西潼关金矿矿区内矿体倾角和厚度变化较大。其中，505 号矿体的走向为北东东-北北东，呈"S"形，总体上看，倾向北西，局部有扭曲，剖面图如图 1-11 所示。矿体倾角最大为 45°，倾角最小为 14°，平均倾角 18°。矿体呈脉状或透镜状。矿体延长数十米至 200 m，最长达 350 m，延深 150~250 m。矿体厚度变化很大，一般在 1~15 m，尤其在某些区段，矿体厚度和倾角出现突变现象。

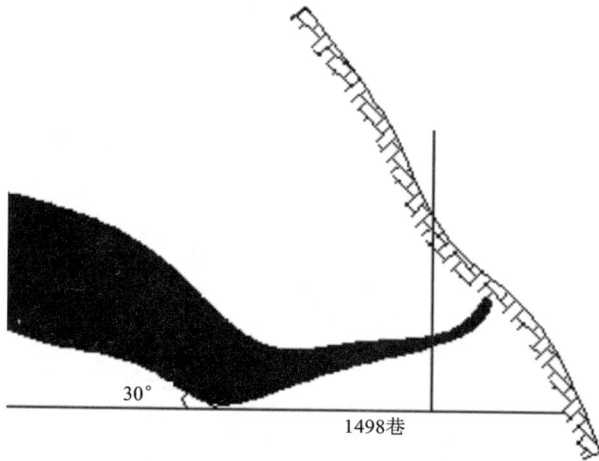

30°

1498巷

图 1-11　潼关金矿 505 号矿体剖面图

矿山经过多方案对比最终选择锚杆预控顶爆力运搬采矿方法。此方法对厚度 6 m 以上的矿体开采效果比较好；但该矿体厚度变化大，应用至其他厚度的矿体开采效果较差。

此外，由于倾角的突变，采准切割工作、顶杆锚固材料的用量和回采过程的复杂性等方面均存在较大的系统失衡现象[13, 14]。

（3）走向变化的产状复杂矿体

文献[12]还介绍了浙江诸暨金矿沿走向变化的产状复杂矿体的情况。该矿主要矿体赋存于北东向压扭性断裂构造带中，由Ⅰ、Ⅱ两个矿体组成，其中Ⅰ号矿体为主矿体，如图 1-12 所示。Ⅰ号矿体的走向长度为 557 m，倾向最大延深为 205 m，平均为 129 m。矿体形态呈不规则脉状，局部出现分支。矿体厚度最大为 8.92 m，最小为 0.19 m，平均 2.63 m，沿走向与倾向均有膨胀缩小现象。

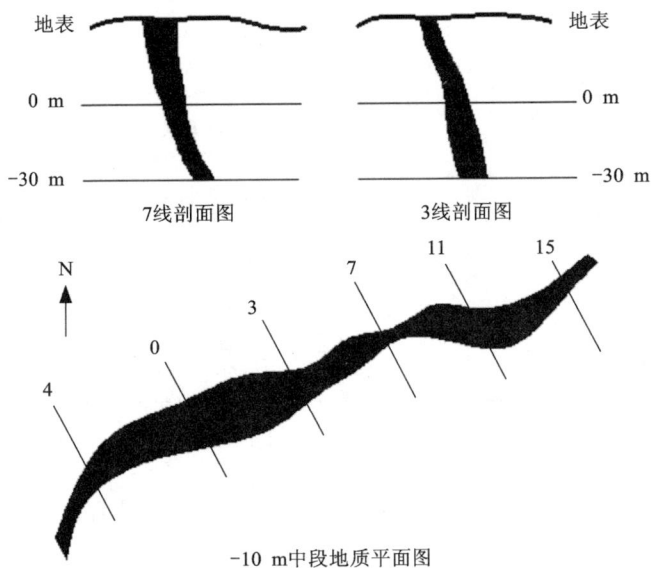

图 1-12　浙江诸暨金矿 1 号矿体示意图

矿体沿走向变化，不仅对采矿方法的选择产生影响，还给采切工程布置带来困扰。矿山前期采用留矿法，出现了较大的矿损贫化（系统失衡现象）；后期采用向下分层进路胶结充填法，但该采矿法的进路布置随矿体沿走向变化而弯曲，难以实现电耙出矿，降低了劳动生产率（系统失衡现象）。

1.3.2　开采系统灾害后果

产状复杂矿体回采过程中，除前述案例出现的一些采掘比高、矿石回收率低、劳动生产率低、生产成本高、采矿工艺不顺畅等开采系统失衡现象，有时还会出现巷道大变形、采场冒顶、地表大范围岩移等工程地质灾害后果。这些灾害也同样表征着开采系统的失衡，一定程度上影响着矿山的正常生产，严重者甚至可能造成人员伤亡、矿山停产等后果。

表 1-1 为我国部分矿山产状复杂矿体开采系统失衡的灾害后果。

表 1-1 我国部分矿山产状复杂矿体开采系统失衡的灾害后果

产状描述	矿山企业名称	采矿方法	灾害后果
矿体的形态复杂多变，区内以断裂构造为主，矿体被断层横穿	青山硫铁矿	房柱法	巷道大变形，采场冒顶，最终造成采场无法回采
厚度和倾角随开采深度变化	张家洼铁矿	无底柱分段崩落法	采场巷道破坏，严重垮冒，无法满足回采要求
矿体具有膨胀和紧缩特征，部分矿体形态复杂	里伍铜矿	全面法、房柱法、崩落法	地表垮塌，造成矿量损失，矿山停产
以背斜为主导构造，局部有斜歪和倒转褶曲，矿体埋藏较深，厚度变化大	冬瓜山铜矿	阶段空场嗣后充填采矿法	发生两次冒顶事故，造成两人死亡
矿体厚度变化大，矿带不连续，石膏矿层和围岩互层产出	山东平邑石膏矿	房柱法	石膏矿上覆盖的巨厚石灰岩层大面积悬空直至极限，断裂坍塌

1.4 分区协同开采

（1）思想基础

随着社会生活水平的提高，人们的环保意识越来越强，可持续发展理念逐步深入人心，矿业领域涌现出了无废开采、绿色开采、协同开采等新理念。这些新理念体现了矿业与时代发展紧密结合、与时俱进的发展趋势，极大地促进了固体矿床开采技术的进步与创新，为矿业的可持续发展指明了具体方向。在这些技术理念中，协同开采无疑为复杂难采矿床或矿体的和谐开采提供了一条科学可行的发展道路。

协同开采[15]，系指拟采矿床赋存有其他影响有序开采的因素（如产状、裂隙环境、空区隐患、水灾隐患等）时或者伴随有其他工程目的（如同步开采地下水、地热等自然资源，同时降低某种开采损害的程度、强化围岩的支护等），通过采取某种或某些工程技术措施（包括采矿方法、岩层控制技术、灾害控制技术及其他相关技术等），能够在实现资源开采的同时和谐处理相应因素的不利影响，或者在实现资源开采的同时达到多种工程目的，从而取得双赢或多赢的工程效果。

关于分区思想，在很早以前国内就已经根据经济水平、地理条件、文化差异、风俗习惯等因素进行行政区划分[16-18]，从而便于国家管理，极大地保证了国家的稳定，促进了地方的发展；随着人类生态意识的增强，国家及相关研究单位根据实际调研情况设立了自然保护区[19, 20]，有利于推进生态文明的建设，促进人与自然的和谐发展；在地质学研究领域，需要根据工程地质条件相似的原则进行分区，然后结合各分区工程类型进行工程地质评价[21-23]。由此可见，分区思想对于复杂系统的管理与研究具有重要的指导和帮助作用。

本书综合"协同开采"理念和"分区"思想，拓展形成"分区协同开采"思想。

（2）分区协同开采的定义

基于拟采矿床或矿体的赋存特点，选取一个或多个因素（如地层构造、矿岩性质、矿体形态、矿岩稳固性、工程目的等）对矿床或矿体进行分区（主要是空间分区），各分区内采取相应的适切开采技术，分区间考虑开采技术、矿块结构、工程布置等方面的有效衔接，综合使得整个矿山开采系统内各项生产作业协调有序、结构合理、工艺流畅，实现矿床或矿体的安全高效绿色开采并和谐处理相关因素的不利影响，使得矿山开采系统输出较高的协同效应。

（3）分区协同开采的内涵

矿床是在地壳中由地质活动形成的，所含有用矿物资源的数量和质量，在一定的经济技术条件下能被开采利用的综合地质体。一个矿床至少由一个矿体组成，也可以由两个或多个，甚至十几个乃至上百个矿体组成。

当矿山开采系统在面对开采对象复杂、管理局面庞杂、矛盾问题突出、失衡现象严重等影响有序开采的因素时，如有分区的条件且分区后可以更好地解决赋存矿床或矿体的开采技术有序性问题，则"分区协同开采"思想可为相应复杂难采矿床或矿体的安全高效绿色和谐开采提供一条科学可行的思路。

实施分区协同开采前，矿山开采系统处于无序状态，矛盾突出，甚至技术上无从下手或代价太大或系统失衡现象严重；实施"分区协同开采"，是将整个开采系统分为若干子系统，并通过一定技术手段使这些子系统及序参量在受控制参量（环境和人为信息流、物质流、能量流的输入）控制的同时互相竞争、役使、合作，统一步调，最终使整个系统形成子系统层次所不存在的新质的结构与特征，实现矿山开采系统在宏观上从无序到有序的转变。

分区协同开采的实质是基于拟采矿床或矿体的禀赋特点，选取一个或多个因素（如地层构造、矿岩性质、矿体形态、矿岩稳固性、工程目的等）对矿床或矿体进行分区（主要是空间分区），使矿山开采系统分为若干个子系统（各子系统拥有独立的序参量）。基于协同学的两层含义：一是指子系统之间的协调合作产生宏观的有序结构；二是指序参量之间的协调合作决定着系统的有序结构。在第一层含义上，分区协同开采系统中的若干个子系统协调合作使系统产生了宏观有序结构;在第二层含义上,首先是序参量与其他参量之间的合作或联合作用,即在各分区内采取适切的开采技术,其次是序参量之间的合作关系或联合作用,即在分区间考虑开采技术、矿块结构、工程布置等方面的高效衔接,综合使整个矿山开采系统内各项生产作业协调有序、结构合理、工艺流畅。最终实现矿体的安全高效绿色开采并和谐处理相关因素的不利影响,使得矿山开采系统输出较高的协同效应。

1.5　产状复杂矿体分区协同开采

对于产状复杂矿体,近些年有部分矿山沿用传统单一的全面法、房柱法、无底柱分段崩落法、阶段空场嗣后充填采矿法等进行回采,出现了一些生产能力低、矿石损失率与贫化率高等开采系统失衡的现象或片帮、冒顶、规模性塌陷等灾害后果。为改善开采系统存在的失衡现象及避免可能出现的严重灾害后果,需引入新思想、新技术、新方法给予指导。

为解决产状复杂矿体开采过程出现的一系列问题,以第一作者提出的"协同开采"理念及拓展形成的"分区协同开采"思想为指导,结合产状复杂矿体开发这一具体领域的技术需求,提出"产状复杂矿体分区协同开采"思路,即:基于产状复杂矿体的地质赋存条件,选取倾角、厚度、走向三要素其中一个或多个因素对产状复杂矿体进行分区(主要是空间分区),各分区内实施适切的开采技术,分区间考虑开采技术、矿块结构、工程布置等方面的有效衔接,综合使得整个矿山开采系统内各项生产作业协调有序、结构合理、工艺流畅,实现产状复杂矿体的安全高效绿色开采并和谐处理相关因素的不利影响,使得矿山开采系统输出较高的协同效应。

产状复杂矿体分区协同开采,其技术内容主要包括:首先,需要对于产状复杂矿体进行科学、合理地分类;其次,根据不同类别的产状复杂矿体确定分区方法,对待开采矿体进行分区;然后,在分区内、分区间采取相应的适切工程技术,解决分区间不同采矿技术之间的矛盾与冲突,同时考虑分区内和分区间相应的衔接工程布置,以促进各项生产作业协调有序、工艺流畅;最终,使得开采系统安全高效有序化运行。

参考文献

[1] 姚凤良,郑明华. 矿床学基础教程[M]. 北京:北京地质出版社,1984.

[2] 解世俊. 金属矿床地下开采[M]. 第2版. 北京:冶金工业出版社,1999.

[3] 杨言辰,叶松青,王建新,等. 矿山地质学[M]. 第2版. 北京:地质出版社,2009.

[4] 张万良. 相山铀矿田矿体形态分类及成因意义[J]. 大地构造与成矿学, 2015, 39(5): 844−854.

[5] 李小明, 刘德民, 王永建, 等. 矿山地质学[M]. 北京: 煤炭工业出版社, 2012.

[6] 武彬. 大巴山前陆天然沥青产状与地球化学特征研究[D]. 长安大学, 2010.

[7] 戴启德, 黄玉杰. 油田开发地质学[M]. 青岛: 中国石油大学出版社, 1999.

[8] 许运新. 松辽盆地不同类型天然气藏产状特征[J]. 天然气地球科学, 1995, 27(6): 19−22.

[9] 张晓飞. 山东玲珑金矿与焦家金矿成矿控矿构造对比研究[D]. 石家庄经济学院, 2012.

[10] 钟道崇, 高必松. 褶皱控矿与找矿勘探的探讨[J]. 甘肃地质, 1991, 2: 89−96.

[11] 马贵林, 王志强, 王忠禹, 等. 青海省沱沱河地区楚多曲铅锌矿床地质特征及控矿因素[J]. 世界有色金属, 2018, 16: 150−152.

[12] 周君才. 难采矿体新型采矿法[M]. 北京: 冶金工业出版社, 1998.

[13] 刘力. 潼关金矿505#矿体采矿方法研究[J]. 西安建筑科技大学学报, 1994, 26(4): 375−380.

[14] 钱源, 刘力. 锚杆预控顶爆力运搬采矿法的试验研究[J]. 金属矿山, 1987, 22(5): 8−13.

[15] 陈庆发, 周科平, 古德生. 协同开采与采空区协同利用[J]. 中国矿业, 2011, 20(12): 77−80, 102.

[16] Stephen Calabrese, Dennis Epple, Richard Romano. On the political economy of zoning[J]. Journal of Public Economics, 2006, 91(1): 25−49.

[17] Vatter Marc H. Stratified zoning in central cities[J]. Journal of Housing Economics, 2020, 50: 101716.

[18] Feng Rundong, Wang Kaiyong. Spatiotemporal effects of administrative division adjustment on urban expansion in China[J]. Land Use Policy, 2021, 101: 105143.

[19] 毛伟伟, 张绵, 全奎国, 等. 沈阳辽中仙子湖自然保护区的保护对象和功能区的划分[J]. 辽宁大学学报(自然科学版), 2013, 40(4): 373−379.

[20] 呼延佼奇, 肖静, 于博威, 等. 我国自然保护区功能分区研究进展[J]. 生态学报, 2014, 34(22): 6391−6396.

[21] 方鸿琪, 杨闽中. 工程场地的特征与工程地质分区[J]. 工程地质学报, 2002, 10(3): 244−247.

[22] Mingqian Sun, Qing Wang, Jianping Chen, et al. Engineering Geological Zoning of Soft−Soil Foundation Based on Combination Weighting and Extension Methods[J]. Journal of Donghua University(English Edition), 2016, 33(3): 453−461.

[23] Shiliang Liu, Wenping Li, Wei Qiao, et al. Zoning method for mining−induced environmental engineering geological patterns considering the degree of influence of mining activities on phreatic aquifer[J]. Journal of Hydrology, 2019, 578: 124020.

[24] 王贵友. 从混沌到有序-协同学简介[M]. 武汉: 湖北人民出版社, 1987.

第 2 章
产状复杂矿体分区技术

2.1 产状复杂矿体分类

矿体产状包括倾角、厚度、走向三要素。按参与变化的要素数，可将产状复杂矿体划分为单要素变化矿体、双要素变化矿体和三要素变化矿体三大类，如图 2-1 所示。

三大类的空间集合关系如图 2-2 所示。

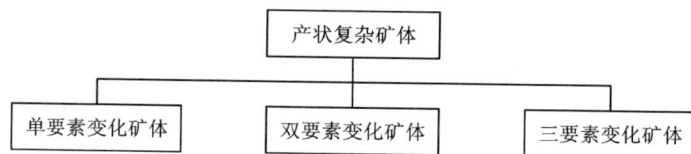

图 2-1　产状复杂矿体分类

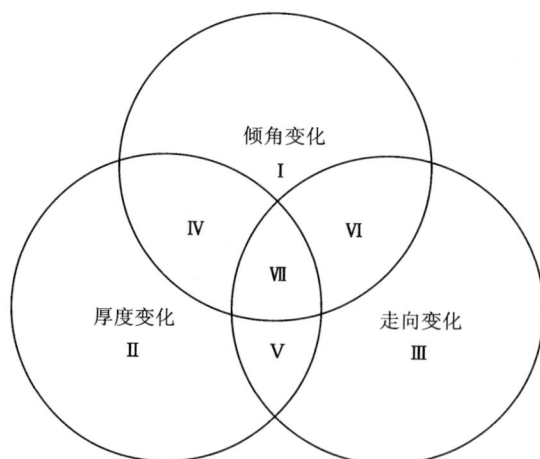

图 2-2　三大类空间集合关系

图 2-2 中，Ⅰ、Ⅱ、Ⅲ分别表示倾角、厚度和走向三个单要素单独变化的空间域；Ⅳ、Ⅴ、Ⅵ分别表示倾角-厚度变化、厚度-走向变化和倾角-走向双要素变化的空间域；Ⅶ表示三要素变化的空间域。

三要素中，根据倾角和厚度可对矿体进行单要素分类，这些分类也作为产状复杂矿体具体分区的基本依据；走向要素方面，可根据实际需要选取适宜的走向变化程度（如 30°），作为产状复杂矿体具体分区的基本依据。

关于倾角和厚度的分类，可按传统标准进行，即：

（1）微倾斜、缓倾斜、倾斜、急倾斜矿体的倾角范围分别是 $0° \sim 5°$、$5° \sim 30°$、$30° \sim 55°$、$55°$ 以上；

（2）极薄、薄、中厚、厚、极厚矿体的厚度范围分别是 0.8 m 以下、0.8~4 m、4~10 m、10~40 m、40 m 以上。

2.2.1　单要素变化矿体

单要素变化矿体指的是矿体倾角、厚度和走向三要素中任一要素发生变化的矿体，可细分为三类，如表 2-1 所示，相应图例分别如图 2-3～图 2-5 所示。

表 2-1　单要素变化矿体

类型	矿体特征
倾角变化矿体	矿体倾角在微倾斜、缓倾斜、倾斜或急倾斜之间变化，矿体厚度和走向稳定
厚度变化矿体	矿体厚度在极薄、薄、中厚、厚或极厚之间变化和中厚之间变化，矿体倾角和走向稳定
走向变化矿体	在倾角和厚度基本不变的情况下，矿体受矿床成因、成矿方式和控矿构造等因素影响，造成了矿体在走向上发生了变化，如 S 形、直角转弯形等

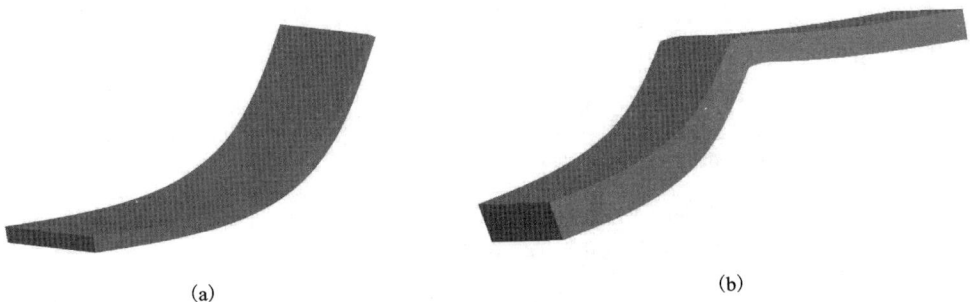

(a)　　　　　　　　　　　　　　　　(b)

图 2-3　倾角变化矿体

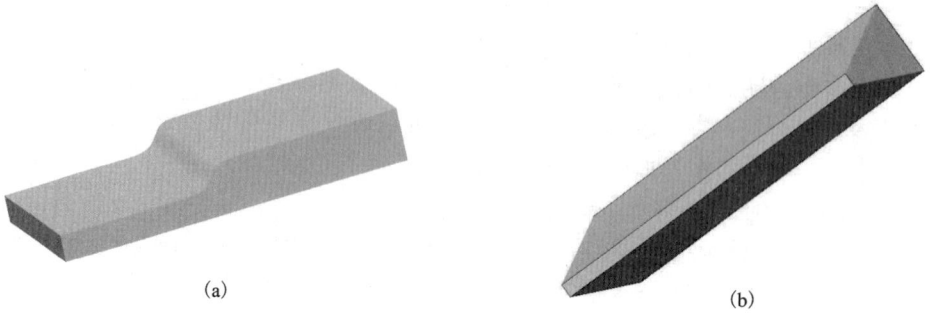

(a)   (b)

图 2-4　厚度变化矿体

图 2-5　走向变化矿体

2.2.2　双要素变化矿体

双要素变化矿体指矿体倾角、厚度和走向中的任两要素发生变化的矿体，可细分为三类，如表 2-2 所示，相应图例分别如图 2-6~图 2-8 所示。

表 2-2　双要素变化矿体特征

类型	矿体特征
倾角-走向变化矿体	矿体的倾角在微倾斜、缓倾斜、倾斜或急倾斜之间变化；同时，矿体的走向也发生变化，矿体厚度稳定
厚度-走向变化矿体	矿体的厚度在极薄、薄、中厚、厚或极厚之间变化；同时，矿体的走向也发生变化，矿体倾角稳定
倾角-厚度变化矿体	矿体的倾角在微倾斜、缓倾斜、倾斜或急倾斜之间变化；同时，矿体的厚度在极薄、薄、中厚、厚或极厚之间变化，矿体走向稳定

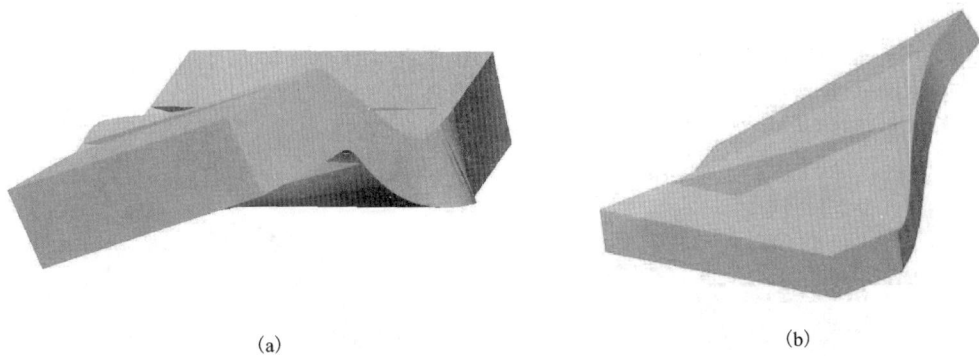

(a)

(b)

图 2-6　倾角-走向变化矿体

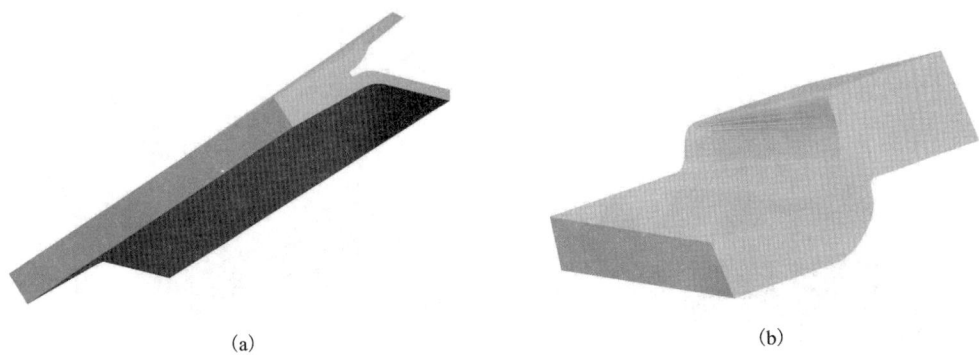

(a)

(b)

图 2-7　厚度-走向变化矿体

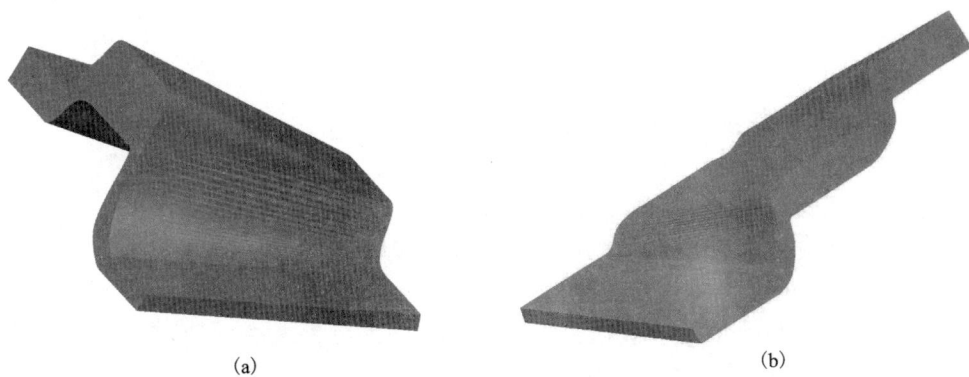

(a)

(b)

图 2-8　倾角-厚度变化矿体

2.2.3 三要素变化矿体

三要素变化矿体指矿体的倾角、厚度和走向三要素均发生变化的矿体,相应图例如图 2-9 所示。

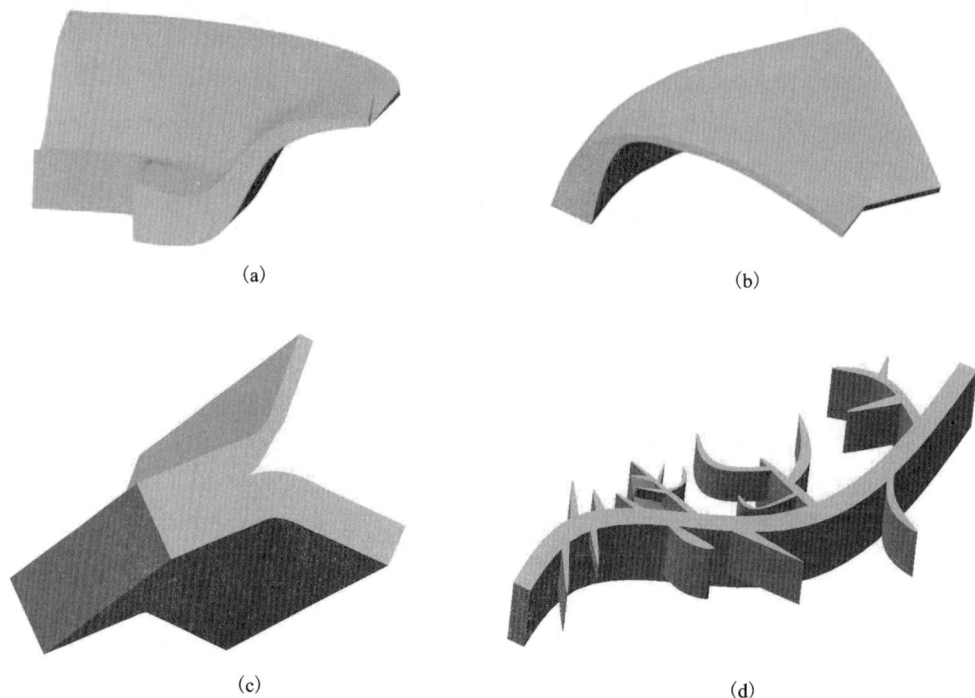

(a)

(b)

(c)

(d)

图 2-9 三要素变化矿体

2.2 产状复杂矿体分区的意义

传统开采技术主要基于产状稳定的单一矿体发展而来。而对于产状复杂矿体如继续采用传统技术,则易造成开拓系统、矿块结构和工艺流程等不能适应整个矿体,从而导致开采系统失衡或出现较为严重的灾害后果。

为了更好地对产状复杂矿体进行开发利用,本书推荐分区协同开采的新思路,其中最重要的一项先行工作就是对产状复杂矿体进行科学分区。

对产状复杂矿体实施分区,其意义在于:

(1)按照一定规则对产状复杂矿体进行分区,可将整个产状复杂矿体划分为若干个产状相对单一稳定的子区域矿段,从而将复杂技术需求化简为简单技术需求；而在相对单一稳定的子区域矿段内，进行开采技术的选择与创新设计则相对容易得多。

（2）分区后，分析分区间的矛盾问题及可能导致的系统失衡现象或可能出现的灾害后果，对分区间的工程技术措施、衔接工程布置等进行有针对性的优化研究，以促进整个开采系统的流畅运行、提升系统的协同效应，实现整个产状复杂矿体的安全高效开采。

2.3　产状复杂矿体分区的原则

为避免出现开采系统失衡现象和严重灾害后果，产状复杂矿体分区过程中需遵循一定的原则。

（1）安全性原则

地下开采作业，安全第一。对产状复杂矿体分区是为了增强整个开采系统的稳定性和有效性，减少作业过程中可能发生的地质灾害对采矿工程的影响。对产状复杂矿体分区时，不仅要考虑矿体产状的特征，还要考虑矿体围岩质量、稳定性等情况，确保分区内作业与分区间的衔接工程安全稳定进行。

（2）经济性原则

经济效益是矿山企业的生存与发展的基础。不同分区间需要通过工艺技术、采场结构、辅助工程等衔接，一定程度上增加施工难度和开采成本。分区时需综合考虑现有开采技术水平、施工能力等因素，太过于精细的分区可能造成生产成本提高，继而造成利润空间低，影响企业的高质量发展。太过粗糙的分区，难以降低系统失衡现象，系统存在的矛盾问题难以从根本上解决，也不可取。因此，分区数目要适当，不宜过多，也不宜过少。

（3）特性原则

产状复杂矿体分区就是通过分析矿体的共性和特性，对矿体进行区域划分。分区时，根据矿体的赋存情况，不仅要考虑矿体的产状变化特征，还要结合矿岩的稳固性、化学性质和物理性质等因素，对众多的因素进行客观评估，综合确定主要影响因素作为矿体分区依据，便于后期开采技术的选择与创新设计。

（4）化繁为简原则

分区就是为了将整个产状复杂矿体划分成多个产状单一的矿段，方便后面对各个分区进行开采技术的选择与创新设计，并考虑各个分区间的工艺技术、结构工程、辅助工程的衔接问题，从而实现整个产状复杂矿体的安全高效开采。

2.4 产状复杂矿体分区的一般方法

2.4.1 单要素变化矿体分区方法

传统开采技术多适用于产状单一稳定矿体，相应开采设计常将矿体划分阶段或盘区。产状复杂矿体分区则有所不同，涉及因素可能较多。

对于单一要素变化明显的产状复杂矿体，其分区方法如下：

首先，了解整个矿体的赋存条件，弄清整个矿体产状发生变化的区域及倾角、厚度、走向三因素中某一因素的变化情况；然后，确定矿体分区的依据，对矿体进行分区；最后，结合产状复杂矿体分区原则，根据实际情况，合理地将部分分区进行合并划分到一个阶段、矿块或分段内。比如倾角变化明显的产状复杂矿体，可选定倾角作为矿体分区依据，参照微倾斜、缓倾斜、倾斜、急倾斜各自对应的倾角范围 0°~5°、5°~30°、30°~55°、55°以上，对矿体进行分区。同理，对于厚度变化明显的产状复杂矿体，可选定厚度作为矿体分区依据，参照厚度分类标准对矿体进行分区；对于走向变化明显的产状复杂矿体，可选定走向作为矿体分区依据，选取适宜的走向变化程度对矿体进行分区。

图 2-10 为倾角变化矿体的分区示意图。

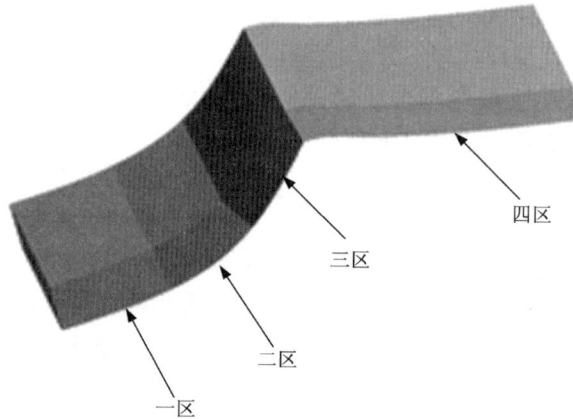

图 2-10 倾角变化矿体分区示意图

由图 2-10 知，该矿体根据矿体倾角变化情况，分为一区、二区、三区和四区。不同分区考虑不同采矿方法和运搬方式，相邻分区间布置设计衔接工程，尽可能将采矿作业、工艺流程、工程巷道合理配合。

2.4.2　多要素变化矿体分区方法

当 2 个或以上的产状要素均发生变化时，产状复杂矿体的分区往往因变化要素多而无从下手。这就需要从中找到主要影响因素，继而根据主要因素对产状复杂矿体进行分区。工程中，常采用多因素客观重要性排序方法确定主要影响因素。

多因素客观重要性排序方法，又称多因素权重分配方法，这种方法可处理多因素系统无法辨别各个因素对事物的重要性大小问题。具体方法是从已知因素列表中去掉某一因素，再考虑事物属性分类情况变化程度，若去掉该因素后事物属性分类情况变化大，则说明该因素对事物来说重要性大，也就是在对应情况下影响性大；反之，说明该因素重要性小。

本文将多因素重要性排序方法用于判别产状复杂矿体影响因素中的主要因素，确定各因素对矿体属性的重要程度，以此来对影响因素进行排序。具体方法使用流程如下：

(1)确定待分析对象，收集多组影响因素具体数值。

在分析产状复杂矿体主要产状影响因素中，只考虑厚度、倾角、走向三个因素。可在矿体的产状变化区域统计三个因素的具体数值，分别取 6 组或 12 组样本以保证能准确排序，如表 2-3 所示。

表 2-3　实地数据统计表

编号	厚度	倾角	走向
1	X_{11}	X_{21}	X_{31}
2	X_{12}	X_{22}	X_{32}
⋮	⋮	⋮	⋮
6	X_{16}	X_{26}	X_{36}

由表 2-3 数据统计表确定特征值矩阵 $\boldsymbol{X}$。

$$\boldsymbol{X} = \begin{bmatrix} X_{11} & X_{12} & X_{13} & X_{14} & X_{15} & X_{16} \\ X_{21} & X_{22} & X_{23} & X_{24} & X_{25} & X_{26} \\ X_{31} & X_{32} & X_{33} & X_{34} & X_{35} & X_{36} \end{bmatrix}$$

由于各因素量纲不同，为了便于不同量纲的各因素指标能够进行比较和加权，消除噪点，在模糊聚类前需要消除各因素指标的物理量纲，使各组数据规格化，并都落在[0，1]的范围之内。具体的规格化公式可以根据实际需要来确定，一般无具体要求情况下可采用各组数据除以各组中的最大值来达到规格化的目的，如下式所示。

$$x'_{ik} = \frac{x_{ik} - \min_{1 \le i \le n}\{x_{ik}\}}{\max_{1 \le i \le n}\{x_{ik}\} - \min_{1 \le i \le n}\{x_{ik}\}} (k=1, 2, \cdots, m) \qquad (2-1)$$

显然，$0 \le x'_{ik} \le 1$，且转化为无量纲的纯数值。通过以上极差变换的方法，即可得到规格化矩阵 X'。

$$X' = \begin{bmatrix} X'_{11} & X'_{12} & X'_{13} & X'_{14} & X'_{15} & X'_{16} \\ X'_{21} & X'_{22} & X'_{23} & X'_{24} & X'_{25} & X'_{26} \\ X'_{31} & X'_{32} & X'_{33} & X'_{34} & X'_{35} & X'_{36} \end{bmatrix}$$

（2）建立模糊相似矩阵

在规格化矩阵的基础上由最大最小法公式计算元素的贴近度，以建立模糊相似矩阵。

$$r_{ij} = \frac{\sum_{k=1}^{m}(x_{ik} \wedge x_{jk})}{\sum_{k=1}^{m}(x_{ik} \vee x_{jk})} \qquad (2-2)$$

式中：$\wedge$ 表示取元素中最小值；$\vee$ 表示取元素中的最大值。

$$r_{ij} = \begin{bmatrix} 1.0 & r_{12} & r_{13} & r_{14} & r_{15} & r_{16} \\ r_{12} & 1.0 & r_{23} & r_{24} & r_{25} & r_{26} \\ r_{13} & r_{23} & 1.0 & r_{34} & r_{35} & r_{36} \\ r_{12} & r_{24} & r_{34} & 1.0 & r_{45} & r_{46} \\ r_{15} & r_{25} & r_{35} & r_{45} & 1.0 & r_{56} \\ r_{16} & r_{26} & r_{36} & r_{46} & r_{56} & 1.0 \end{bmatrix}$$

（3）分类

用等价闭包法计算出全因素存在时的模糊等价矩阵。即 $T(R) = R \cup R_2 \cup \cdots \cup R_m \cup \cdots = \overset{\infty}{\underset{k=1}{\cup}} R^k$，其中 R_2 由 R 与 R 通过复合运算得出。根据模糊等价矩阵划分出一定的阈值范围，并记录不同阈值范围内包含元组的个数及对应的名称。根据选定的因素依次删除并重复相同步骤，阈值范围与第一次的阈值范围相同，以评估各因素对分类的影响。

$$T = \boldsymbol{r}_{ij}^{*} = \begin{bmatrix} 1.00 & r_{12}^{*} & r_{13}^{*} & r_{14}^{*} & r_{15}^{*} \\ r_{12}^{*} & 1.00 & r_{23}^{*} & r_{24}^{*} & r_{25}^{*} \\ r_{13}^{*} & r_{23}^{*} & 1.00 & r_{34}^{*} & r_{35}^{*} \\ r_{12}^{*} & r_{24}^{*} & r_{34}^{*} & 1.00 & r_{45}^{*} \\ r_{15}^{*} & r_{25}^{*} & r_{35}^{*} & r_{45}^{*} & 1.00 \\ r_{16}^{*} & r_{26}^{*} & r_{36}^{*} & r_{46}^{*} & r_{56}^{*} \end{bmatrix}$$

(4)评估因素的重要性

计算删除单个因素后阈值范围分类的变化数目总和，除以分类样本总数，即可得到某一因素在某一阈值范围的重要性，即重要性 r_{ia} 计算公式如下：

$$r_{ia} = \frac{\text{删除单个因素后阈值范围分类的变化数目总和}}{|U|} \tag{2-3}$$

删除因素总体上的重要性公式：

$$\bar{r} = \frac{1}{n} \sum_{i=1}^{n} r_{ia} \tag{2-4}$$

式中：U 为分类样本总数，个；n 为某一因素的阈值范围总数，个。

根据重要性的大小排序，即可说明影响因素在特定情况下对系统影响程度的次序[1-3]。

通过以上多因素重要性排序方法判别出影响产状复杂矿体的最主要因素，并作为矿体分区的依据，按照单要素变化矿体分区方法进行分区。若通过多因素重要性排序方法得出的影响因素重要性相近，可先各自作为矿体分区的依据，得出不同的分区结果，按照产状复杂矿体分区的原则对分区结果观察比较，选出更安全、更经济、更适宜和更简便的分区结果。

参考文献

[1] Bjorvand A T. Mining time series using rough sets—A case study[A]. Principles of Data Mining and Knowledge Discovery, 1997, 1263: 351-358.

[2] 黄定轩, 应可福, 武振业. 基于事例的多因素重要性排序确定方法及其应用[J]. 工业工程与管理, 2003, 8(3): 24-27.

[3] 赵勇, 黄定轩, 谭建鑫. 基于事例和置信度的多因素重要性排序方法[J]. 西南交通大学学报, 2003, 108(1): 102-105.

第 3 章

产状复杂矿体矿石地下运输功多维竞争与算法

3.1 传统矿石地下运输功算法

3.1.1 舍维亚科夫准则

传统开拓工程设计过程中，主井、主溜井或阶段溜井等井巷工程的位置常根据地形、地质构造、矿体赋存特点进行初选；然后根据各初选方案的工程量、基建时间、矿石地下运输功等经济技术指标优选出最优方案。现采用的矿石地下运输功计算方法是由苏联著名采矿学家舍维亚科夫提出的舍维亚科夫准则[1]。该准则能直接应用于产状复杂矿体矿石地下运输功的计算。

舍维亚科夫准则所表达的核心意思是：将整个矿体的矿块出矿点投影到一条直线上，选定出矿量为 Q_m 的矿块为中心矿块，该中心矿块左边矿块的矿量之和加上中心矿块的矿量大于中心矿块右边矿块的矿量之和；同时，右边矿块的矿量之和加上中心矿块的矿量大于左边矿块的矿量之和。

图 3-1 为求最小运输功位置示意图。

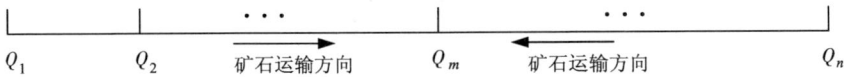

$$Q_1 \qquad Q_2 \qquad \text{矿石运输方向} \longrightarrow \qquad Q_m \qquad \longleftarrow \text{矿石运输方向} \qquad Q_n$$

图 3-1 求最小运输功的位置示意图

求最小运输功位置的计算式为：

$$\begin{cases} \sum_{i=1}^{i=m-1} Q_i + Q_m > \sum_{i=m+1}^{i=n} Q_i \\ \sum_{i=m+1}^{i=n} Q_i + Q_m > \sum_{i=1}^{i=m-1} Q_i \end{cases} \tag{3-1}$$

式中：Q_i 表示第 i 个矿块的出矿量。

如果 $\sum\limits_{i=1}^{i=m} Q_i = \sum\limits_{i=m+1}^{i=n} Q_i$，此时理论上存在最小运输功位置。但有些时候，采用舍维亚科夫准则却无法确定最小运输功位置。

以图 3-2 求两边矿量相等时的最小运输功位置示意图为例进行说明，此时 Q_1 $+Q_2=Q_3+Q_4$，运输功最小位置在第 2 个出矿点和第 3 个出矿点之间，即此时最小运输功的解有无限多个。

$$Q_1=20 \qquad Q_2=60 \qquad Q_3=30 \qquad Q_4=50$$

图 3-2　求两边矿量相等时的最小运输功位置示意图

陶应发[2]针对舍维亚科夫准则这一缺陷，对其进行了探讨与改进，改进后的最小运输功准则为：

$$\begin{cases} \sum\limits_{i=1}^{i=m-1} Q_i + Q_m \geqslant \sum\limits_{i=m+1}^{i=n} Q_i \\ \sum\limits_{i=m+1}^{i=n} Q_i + Q_m \geqslant \sum\limits_{i=1}^{i=m-1} Q_i \end{cases} \qquad (3-2)$$

虽改进后的最小运输功准则能求出两边矿量相等时的最小运输功最佳位置，但是其初始约束条件仍是将最小运输功位置设在某一个出矿点上，相当于一开始就给出了关于井筒最优位置选择的有限个解并从中选择一个最优的解。这样，算法求出的井筒沿矿体走向位置仍不够精确，且没有考虑在投影直线上除了矿点以外的点。

3.1.2　准则的适用条件与局限性

舍维亚科夫准则是将各阶段出矿点投影到一条直线上，并假设主井沿矿体走向位置是在某个出矿点上，然后通过该主井及其左右两边各出矿点的矿量乘以各自的运距来求出主井沿矿体走向的最优参考位置。

（1）适用条件

确定主井沿矿体走向位置的舍维亚科夫准则适用条件有：

①各阶段主运输巷道投影到一个水平面的投影线要平行或近似平行；

②矿体产状单一稳定，如呈板状形、层状形等；

③各阶段运输巷道对应的石门数目为 1 条。

（2）局限性

舍维亚科夫准则初步设定主井最优参考位置为某个矿石集中出矿点，将最优解定义在有限个矿石集中出矿点上，忽略了运输功主井位置在除矿石集中出矿点以外位置时的情况；根据舍维亚科夫准则的适用条件，可知传统运输功算法无法适用于大多数产状复杂矿体，且该算法主要用来确定主井沿矿体走向的最优位置。

3.2 竞争与多维竞争

（1）竞争

竞争的含义是竞争主体为最大限度地获取所需的资源或取得支配地位，以一种相互排斥、相互争胜、优胜劣汰的行为获取最终的结果。竞争作为一种机制，能够将系统内各要素的优势与目标统一，使系统内的资源得到有效配置，并使系统内各要素在竞争的前提条件下发挥出各自的特点或优势。竞争的结果难以预测，也存在着无尽的可能。

竞争包含着矛盾与冲突，是矛盾与冲突的集中体现，矛盾是指事物之间的相互抵触和排斥，是一切事物变化和发展的根本原因，冲突是矛盾的尖锐化和表面化。竞争也是协同学的核心观点。许多个体，无论是原子、分子、细胞或是动物、人类，都是由其集体行为一方面通过竞争，一方面通过协同而间接地决定着自身的命运[3]。在协同的第一层含义上：子系统之间所形成的关联与子系统的独立运动之间存在着竞争（矛盾与冲突），它们之间的竞争（谁将对系统起主导作用）受控制参量的改变而不断进行，当竞争局面发展到子系统之间的关联对系统起主导作用时，序参量形成，系统便出现了宏观有序的结构和类型；在协同的第二层含义上有时在临界点处系统中有几个序参量同时存在，它们之间的竞争（每个序参量都企图独立主宰系统）存在这两种结局：一是彼此处于均势状态，它们通过妥协和合作来协同一致地控制系统，即系统的宏观结构由几个序参量共同确定；二是序参量之间的竞争随着控制参量的变化而日趋尖锐，终将导致只有一个序参量单独主宰整个系统。总的说来，竞争促进发展，协同形成结构，是协同相变过程中的普遍规律[4]。因为存在竞争这种内在驱动力，系统才能在竞争的前提条件下进行协同，因为存在竞争，才能使系统间产生双赢或多赢的局面。

（2）多维竞争

在物理学中描述某一变化的事件时所必需的变化的参数，称为维。有几个参数就有几个维度[5]。对地下运输功来说，矿体走向、倾向和矿石提升中是否有分矿段点为描述地下运输功变化的必须的参数，所以这三个参数可作为矿石运输功维度划分的基本依据。

传统运输功算法考虑的因素较少，难以适用复杂矿体实际运输功计算，因此其计算方法的局限性较大。较于多维度竞争运输功算法，传统的运输功计算方法仅能算作低维度的计算方法，故其也不能产生多维竞争下的地下矿石运输系统输出的高度协同效应。

多维竞争的运输功算法核心在于弄清楚运输功在各维度上的竞争与协同，因此首先应研究分析矿石地下运输功的竞争关系，主要分为以下三个方面：

(1)沿倾向方向、竖直方向、走向方向的一维竞争；

(2)沿走向-倾向方向、沿走向-竖直方向和沿倾向-竖直方向的二维竞争；

(3)沿走向-倾向方向二维竞争的矿石运输系统上增设一个分矿段点的三维竞争。

3.3　矿石地下运输功多维竞争

3.3.1　地下运输功竞争

矿石地下运输功可分为平面运输功和提升运输功。当主井、阶段运输巷道、阶段溜井、石门等服务矿石运输的巷道位置或数目发生变化时，会对整个矿体的矿石地下运输功造成影响，具体影响有：部分出矿点的矿石运输功变大，另一部分出矿点的矿石运输功变小；所有出矿点的矿石运输功变大或变小。

当服务矿石运输的巷道位置或数目变化，会使得部分出矿点的矿石运输功变大，另一部分出矿点的矿石运输功变小，说明这些出矿点对矿石运输巷道的位置和数目呈现出"你争我抢"的局面，各个出矿点都想让自己的矿石运输功最小。但结合工程实际情况，无法满足每个出矿点的矿石地下运输功最小，当主井、阶段运输巷道、溜井、石门等巷道位置或数目在一定空间区域内变化时，至少会有部分出矿点的矿石会在运输功方面产生竞争。

即矿石地下运输功竞争是指随着主井、石门、溜井等服务矿石运输的巷道工程位置或数目发生变化，使得一部分出矿点的矿石平面运输功变小、另一部分出矿点的矿石平面运输功变大或者一部分出矿点的矿石提升运输功变小，同时另一部分出矿点的矿石提升运输功变大。

3.3.2　地下运输功竞争维度

矿床开拓系统方案设计中，主井位置的选取范围视矿床赋存条件、地表地形、工程地质条件等因素确定。当主井在可选取范围内移动时，矿石的平面运输功可能变化或不变。当矿石采用集中统一提升方案时，矿石提升运输功的变化根据井口标高而定。当矿石采用分矿段联合提升方案时，以明竖井-盲竖井联合提升方案为例，当明竖井和盲竖井的衔接点所在水平面在矿体埋深范围内竖直向下移动时，衔接点所在水平面上部分的矿石提升运输功变大，衔接点所在水平面下部分的矿石提升运输功变小。

主井、石门和分矿段点等巷道工程的位置或数目变化会给矿床各出矿点的矿石运输功产生影响，各出矿点的矿石在运输方面会呈现出维度区分的特点。在产状稳定的矩形状矿体中采用中央竖井开拓方法，竖井布置在岩移范围外，各阶段石门依次相对应布置，该开拓方案使得矿石地下运输功呈现出一维竞争的特点，即只在呈直线式布置的阶段运输巷道中产生竞争，综合体现为主井沿矿体走向的位置变化。如需要将主井布置在矿体中的某个区域，那么该开拓方案使得矿石地下运输功呈现出二维竞争的特点，即不仅在阶段运输巷道中产生竞争，还在与阶段运输巷道相交的石门中产生竞争，综合体现为主井在矿体中某个区域内的位置变化。如在上述存在二维竞争的开拓方案中将矿石提升方式改为明竖井-盲竖井联合提升矿石，则该开拓方案使得矿石地下运输功呈现出三维竞争的特点，即不仅在平面运输中呈现出二维竞争，还在矿石提升运输的过程中呈现出第三维竞争，综合体现为衔接点在三维空间内的位置变化。

结合矿石地下运输路径和矿石地下运输功竞争的含义，可以通过主井、溜井、石门等巷道的位置和数目来判断各出矿点间是否存在矿石运输功竞争关系。若存在竞争关系，则可以根据呈现出的竞争特点将矿石地下运输功竞争从维度上划分为一维竞争、二维竞争和三维竞争。

以图 3-3 所示的倾角变化矿体为例，通过主井的位置变化阐述一维竞争、二维竞争和三维竞争的特点。

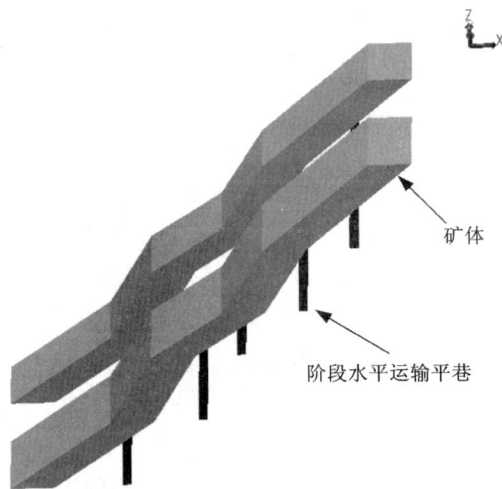

图 3-3　倾角变化矿体三维示意图

（1）矿石地下运输功一维竞争

矿石地下运输功一维竞争是指在某一方向上运输的各出矿点可以投影到一条直线上，且随着主井的移动仅导致该方向上一部分出矿点的矿石运输功变小，另一部分出矿点的矿石运输功变大。矿石地下运输功一维竞争按方向主要分为三种：沿走向方向、沿倾向方向和沿竖直方向。

如以沿走向方向竞争的矿石地下运输功为例, 图例如图 3-4 所示。

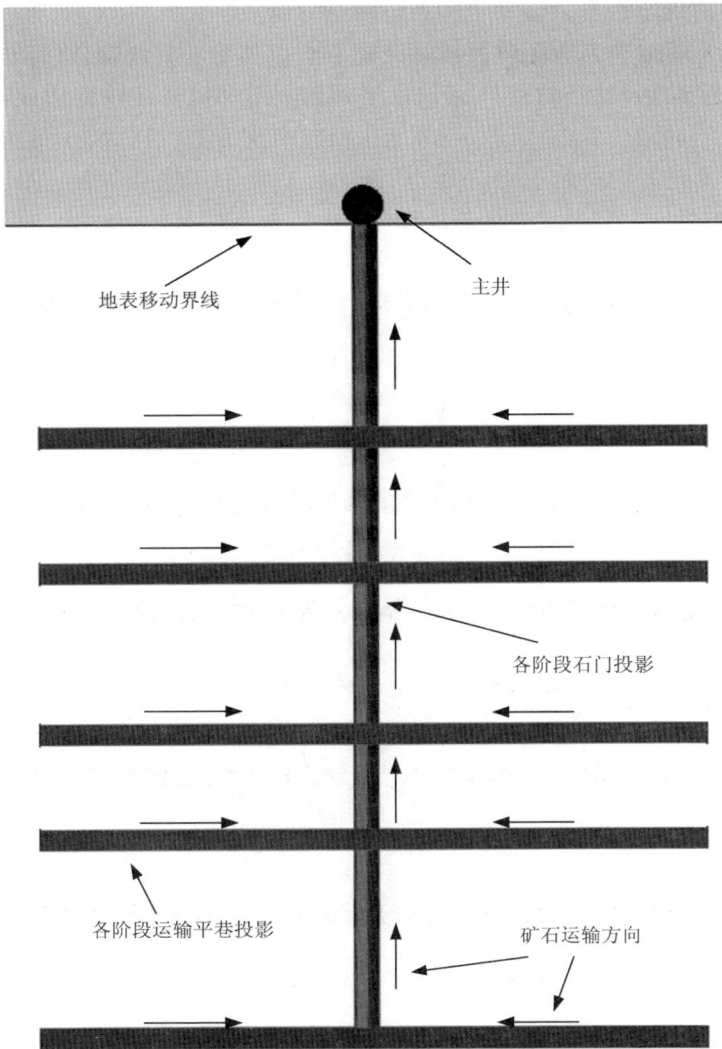

图 3-4　矿石地下运输功一维竞争

由图 3-4 可知, 沿主井作石门垂直于各阶段运输平巷, 将各阶段运输平巷分为两部分, 每个阶段的两部分矿石都会运至石门与阶段运输平巷的交点处, 当这个交点在阶段运输平巷上移动时, 必然导致该阶段运输平巷上的一部分矿石运输功变大, 另一部分变小, 这就是矿石地下运输功沿走向方向的一维竞争。同理, 可理解沿倾向方向和竖直方向的矿石地下运输功一维竞争。

（2）矿石地下运输功二维竞争

矿石地下运输功由阶段平面运输功和提升运输功两部分组成，其中阶段平面运输功主要由阶段水平运输巷道和石门两部分组成。

矿石地下运输功二维竞争是指某关键节点在某平面上的综合移动导致各出矿点在阶段水平运输巷道和石门、阶段水平运输巷道和提升运输巷道或石门和提升运输巷道上的运输功变大，而另一部分在相应的巷道上所耗费的运输功变小。

如以沿走向方向-倾向方向二维竞争的矿石地下运输功为例，图例如图3-5所示。

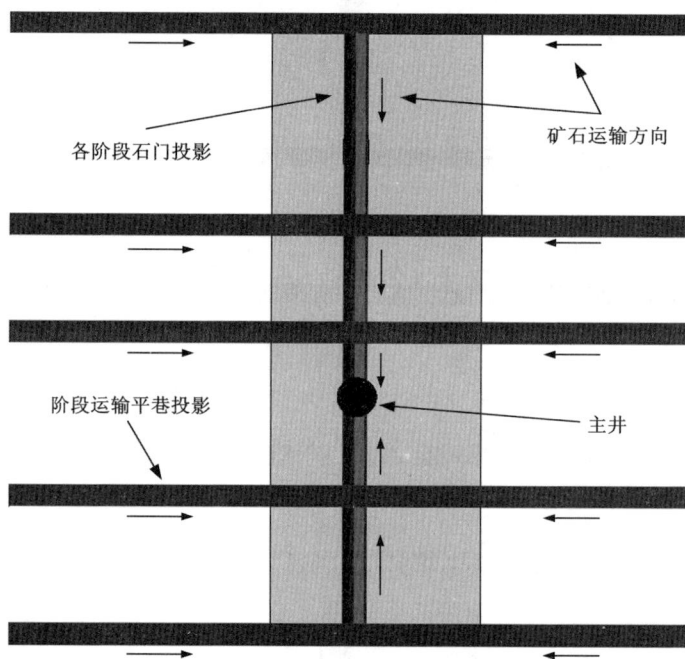

图 3-5 矿石地下运输功二维竞争

由图3-5可知，随着主井位置移动，不仅会造成不同部分出矿点的矿石在阶段运输平巷中所耗费的运输功分别变大和变小，而且还会造成不同阶段的矿石在石门巷道中所耗费的运输功分别变大和变小。同理，可理解沿倾向方向-竖直方向二维竞争和沿走向方向-竖直方向二维竞争的矿石地下运输功。

（3）矿石地下运输功三维竞争

矿石地下运输功三维竞争是指某关键节点在空间区域内的移动导致一部分出矿点的矿石在阶段水平运输巷道、石门和矿石提升井过程中的运输功均变大，一部分出矿点的矿石在阶段水平运输巷道、石门和矿石提升井过程中的运输功均变小。

矿石地下运输三维竞争的图例如图 3-6 所示。

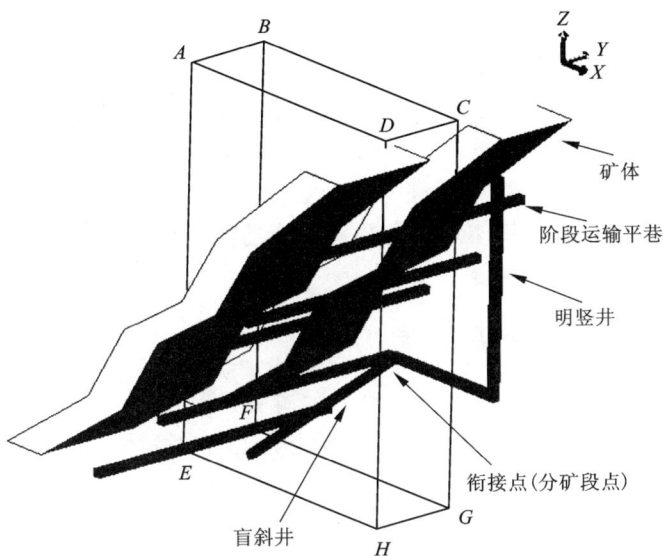

图 3-6　矿石地下运输功三维竞争

由图 3-6 可知，在矿床开拓方案的基础上设计一个明竖井-盲竖井联合提升方案，则随着该分矿段点在图中矩形 ABCDEFGH 所圈定的空间区域内移动，使得整个矿床一部分出矿点的矿石地下总运输功所包含的平面运输功和提升运输功都会变大，而另一部分矿石的平面运输功和提升运输功变小。矿石地下运输三维竞争主要存在于联合开拓方案中。

3.4　多维竞争的矿石地下运输功算法

矿石地下运输功一般是建立在已确定主要开拓巷道、石门、阶段溜井和阶段运输巷道空间位置的基础上来进行计算的。为了充分展现各出矿点矿石运输功竞争关系，将矿石地下运输功作为因变量，根据关键点的空间定义域和运输路线来建立矿石地下运输功的数学模型，方便设计人员找到最小运输功的参考位置及直观了解矿石地下运输功在该关键点所在空间定义域内的竞争激烈程度。

地下矿山各阶段矿石通常经过阶段运输平巷和石门或溜井联络道进入阶段主溜井溜至矿石集中点，然后再经主井提升至地表。在矿床开拓设计中，主溜井和石门的布置主要根据主井位置和工程地质条件来设计，阶段水平运输巷道主要根据矿体产状、矿岩稳固性等条件选择脉内布置或脉外布置。为了计算矿石地下运输功，需对阶段水平运输巷道、石门、主溜井联络道、主溜井和主井等矿石运输巷道之间的关系设立约束条件。

在工程地质条件、《金属矿山安全规程》（GB 16423—2020）、矿床赋存状况和矿石运输路径最短的原则下，设立如下约束条件：阶段水平运输巷道沿矿体走向布置；石门或溜井联络道垂直阶段水平运输巷道布置；主溜井的终点为矿石集中提升点；自变量的定义域根据《金属矿山安全规程》（GB 16423—2020）、矿区地质条件等因素综合圈定。在约束条件的基础上，结合矿体产状、出矿量、运输距离、出矿点位置等条件，根据具体开拓方案建立合适的坐标系，推导出矿石地下运输功关于自变量在定义域内算法。

3.4.1 一维竞争的运输功算法

（1）沿走向方向一维竞争的矿石地下运输功算法

图 3-7 为沿走向方向一维竞争的矿石地下运输功算法案例图。

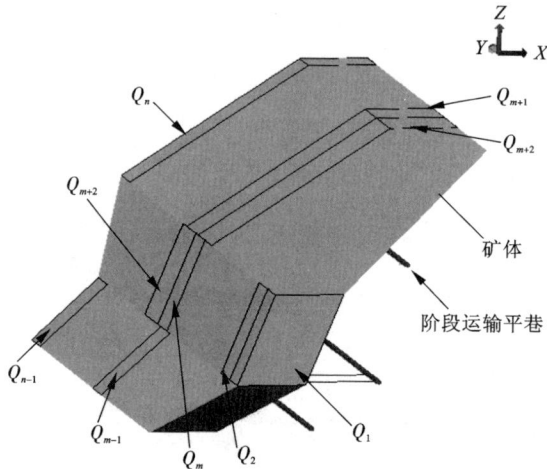

图 3-7 沿走向方向一维竞争的矿石地下运输功算法案例图

图 3-7 中的矿体采用中央竖井开拓方式，各阶段石门与各阶段运输平巷垂直。对矿体进行阶段划分和矿块划分。由于该矿体的走向稳定，各阶段运输平巷相互平行，故可将各阶段运输平巷及所对应的各个出矿点投影到一条直线上，以点 O 为原点建立一维坐标系，画出求最小运输功的位置示意图，如图 3-8 所示。

图 3-8 中出矿量 Q_1 和 Q_n 对应的出矿点分别为该矿体最左端和最右端的出

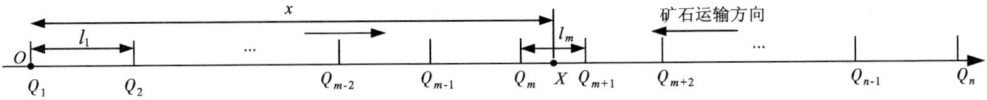

图 3-8　求最小运输功的位置示意图

矿点，其中最左端为原点 O；点 X 为石门与阶段运输平巷的交点。令点 X 到原点 O 的距离为 x，第 m 个出矿点的出矿量为 Q_m，第 m 个出矿点与下一个相邻出矿点间的运输距离为 l_m，矿石在阶段运输平巷上的运输功为 $f(x)$。

当 $x \in \left[\sum\limits_{i=1}^{i=m-1} l_i, \sum\limits_{i=1}^{i=m} l_i \right]$ 时，则 $f(x)$ 的表达式为：

$$f(x) = Q_1 x + Q_2(x - l_1) + \cdots + Q_m\left(x - \sum_{i=1}^{i=m-1} l_i\right) + Q_{m+1}\left(\sum_{i=1}^{i=m} l_i - x\right)$$
$$+ Q_{m+2}\left(\sum_{i=1}^{i=m+1} l_i - x\right) + \cdots + Q_n\left(\sum_{i=1}^{i=n-1} l_i - x\right) \tag{3-3}$$

对式(3-3)变形得：

$$f(x) = \left[Q_1 + Q_2 + \cdots + Q_m - (Q_{m+1} + Q_{m+2} + \cdots + Q_n) \right] x + \left[Q_{m+1}\sum_{i=1}^{i=m} l_i + \right.$$
$$\left. Q_{m+2}\sum_{i=1}^{i=m+1} l_i + \cdots + Q_n \sum_{i=1}^{i=n-1} l_i - Q_2 l_1 - Q_3(l_1 + l_2) - \cdots - Q_m \sum_{i=1}^{i=m-1} l_i \right] \tag{3-4}$$

式中：令 $Q_1 + Q_2 + \cdots + Q_m - (Q_{m+1} + Q_{m+2} + \cdots + Q_n) = k$，$Q_{m+1}\sum\limits_{i=1}^{i=m} l_i + Q_{m+2}\sum\limits_{i=1}^{i=m+1} l_i +$
$\cdots + Q_n \sum\limits_{i=1}^{i=n-1} l_i - Q_2 l_1 - Q_3(l_1 + l_2) - \cdots - Q_m \sum\limits_{i=1}^{i=m-1} l_i = z$。

则式(3-4)可转换为：

$$f(x) = kx + z \tag{3-5}$$

结合式(3-4)和式(3-5)可知，k 的正负取决于点 X 左边的矿量之和减去点 X 右边的矿量之和的差值。

因此，可根据点 X 两边的矿量差值变化做出 $f(x)$ 关于 x 的函数关系示意图，如图 3-9 所示。

由式(3-4)、式(3-5)和图 3-9 可得出如下结论：

①若不存在左右两边矿量相等的点 X，则可利用舍维亚科夫准则求出矿石在阶段运输平巷上的最小运输功位置。

②若存在左右两边矿量相等的点 X，当点 X 在某个出矿点上时，则该出矿点为最小运输功位置，且在该出矿点分别到相邻的左出矿点和右出矿点之间的区域中，矿石地下运输功竞争的激烈程度相同，即 $k_{m-1} = -k_m$。

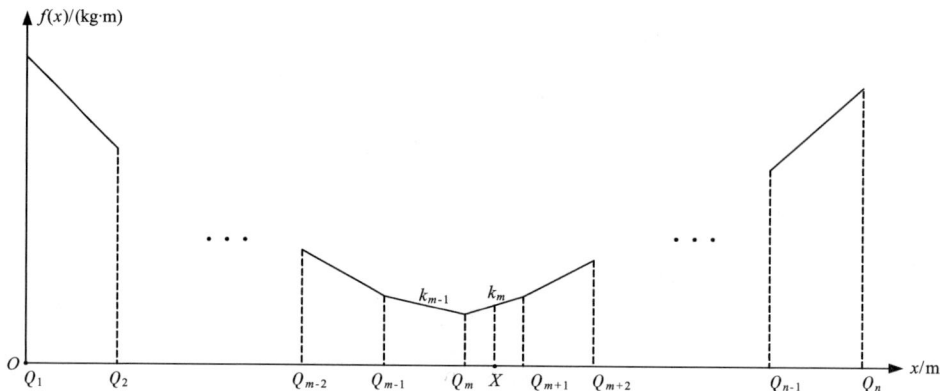

图 3-9 $f(x)$ 与 x 的关系趋势图

③若存在左右两边矿量相等的点 X，当点 X 在两个相邻出矿点之间时，则 $k_m = 0$；此时，最小矿石运输功的位置可在这两个相邻出矿点之间任意选择。

新的横向运输功算法以最左边出矿点和最右边出矿点之间的区域为定义域，突破了传统运输功算法仅以各个出矿点为定义域的不足；新的横向运输功算法不仅包含了舍维亚科夫准则及陶应发等改进后的准则内容，且发现了矿石横向运输功最优参考位置的取值范围可能是某个区间。

新的横向运输功算法配合 $f(x)$ 关于 x 的函数关系图，可由 k_m 的大小表示矿石地下运输功竞争在任一区间的竞争激烈程度。在地表条件、地下岩层稳定性、水文条件等因素的影响下，当最小运输功位置并不适合作为主井的实际布置位置，可结合函数关系图在最小运输功位置的周边选取合适的位置作为主井实际布置位置。

新的横向运输功算法，既保证了主井工程的安全，又实现了矿石地下运输功最优；同时，在一定程度上避免了主井位置传统选取的盲目性，使得主井沿矿体走向位置的选取更加合理、更加科学。

（2）沿倾向方向一维竞争的矿石地下运输功算法

图 3-10 为倾角变化矿体的阶段运输平巷示意图。以图 3-10 为案例阐述沿倾向方向一维竞争的矿石地下运输功算法。

图 3-10 矿体采用侧翼竖井开拓的方式，对矿体进行阶段划分并布设阶段运输平巷，然后将各阶段运输平巷投影到最低阶段运输平巷所在的水平面上，绘出的阶段运输平巷投影图如图 3-11 所示。令点 $C(0,0)$ 为原点，建立二维坐标系。Q_m 表示第 m 阶段的总矿量，与之相对应的出矿点坐标为 (x_m, y_m)，点 $A(x, y)$ 为侧翼竖井的投影点。当点 A 在图中 $CDEF$ 曲线段圈定的区域范围内作非平行 Y 轴

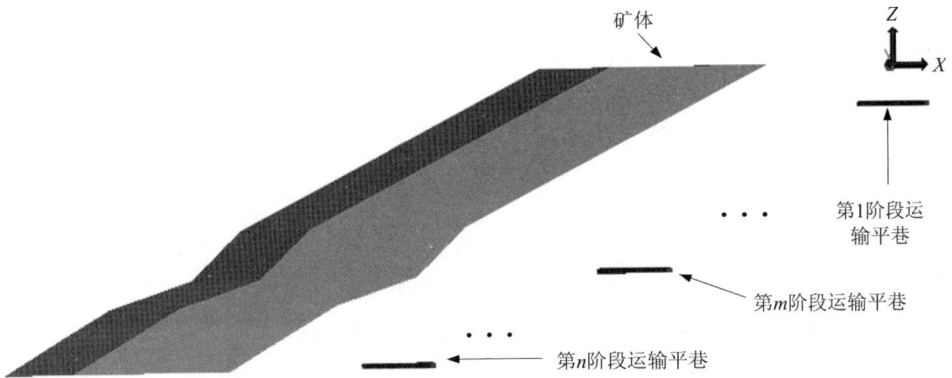

图 3-10　倾角变化矿体的阶段运输平巷示意图

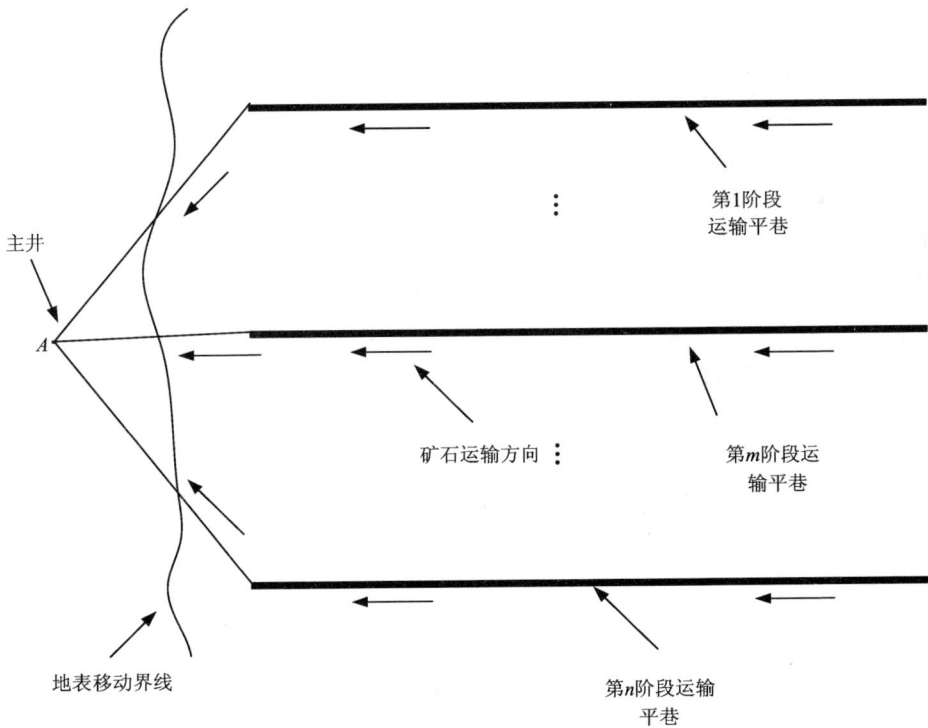

图 3-11　阶段运输平巷投影图

的移动轨迹时，各阶段矿量在石门巷道中所耗费的运输功会形成竞争关系。令各阶段矿量从出矿点 (x_m, y_m) 运至点 A 的运输功之和为 $f(x, y)$，则 $f(x, y)$ 的表达式为：

$$f(x, y) = \sum_{m=1}^{m=n} Q_m \sqrt{(x - x_m)^2 + (y - y_m)^2} \tag{3-6}$$

在式 (3-6) 的基础上，加上各阶段矿石在阶段运输平巷中的平面运输功以及矿石在主井中的提升运输功，得到矿石地下总运输功。在侧翼竖井位置选取的过程中，将相关数据代入式 (3-6) 中，可以得到矿石地下总运输功关于 x、y 的函数式，并绘出在 $CDEF$ 区域内的函数图。根据地下总运输功关于 x、y 的函数图，再结合地形、水文地质、工程地质等因素，综合选取侧翼竖井的最优参考位置。

(3) 沿竖直方向一维竞争的矿石地下运输功算法

对于部分矿体的赋存条件复杂以及在矿体开采过程中发现盲矿等情况，单一开拓方法易出现运输能力不足、地压灾害、石门长度过长等问题，需采取联合开拓方法才能满足矿山生产运输的要求。联合开拓法中涉及至少两种提升方式，这些不同提升方式之间的衔接通过在某阶段水平面上布置的一系列巷道工程来实现，该阶段水平面粘边衔接平面。由于各阶段矿石从出矿点运至提升井的过程中不存在运输功竞争的关系。为了便于说明，以衔接平面上的任意一点作为衔接点，令衔接点所在的高度为自变量。当该衔接点所在的衔接平面沿竖直方向上下移动时，该平面上下两部分矿石对于衔接点高度的选取会形成竞争关系。

传统联合开拓法设计过程中，两种提升方式的衔接点在竖直方向上的位置往往是根据矿体产状突变或上部主井所服务的有效深度来选取，并未充分考虑到上下两部分的矿石量及产状对该衔接点位置选取的竞争关系。如矿体厚度沿矿体埋深方向变化较大，则衔接点的移动会造成整个矿床的矿石提升运输功数值变化较大。为了更加直观清晰地展现该衔接点的选取与整个矿床矿石运输功的关系，给矿床联合开拓设计提供更加精细化的指导，有必要根据矿体赋存条件建立矿石地下运输功关于该衔接点位置选取的关系式。

以图 3-10 阶段运输平巷为基础，补充竖井-盲竖井联合开拓方式，绘制出阶段运输平巷和竖井布置三维示意图，如图 3-12 所示。

将矿体划分为 n 个阶段，最高层阶段为第 1 阶段，第 n 个阶段的阶段矿量为 Q_n，第 m 个阶段运输平巷所在高度为 h_m。将分矿段点 A 布置在与第 m 个阶段运输平巷所在的同一水平高度上，令整个矿体的矿量运至第 1 阶段运输平巷所在高度所需要的提升运输功为 $f(z)$，最底层阶段水平巷道 $z = h_n = 0$ m，则 $f(z)$ 的表达式如下：

$$f(z) = \sum_{i=m-1}^{i=n} Q_i h_1 + \sum_{i=1}^{i=m} Q_i (h_1 - h_m) \tag{3-7}$$

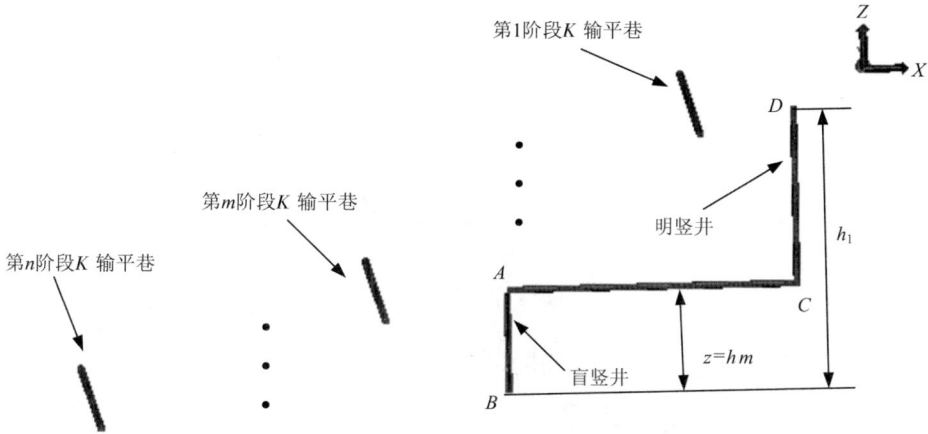

图 3-12　竖井和阶段运输平巷布置三维示意图

　　将实际数据代入式(3-7)，可得分矿段点在每一个阶段时整个矿石提升运输功，但是受地形的影响，需要加上矿体的整个矿量乘以第一阶段运输平巷到地表的距离，得出矿体整个矿量的地下提升总运输功，并根据计算结果确定 A 点最优位置的高度。

　　上述分矿段点是建立在已划分好的阶段水平运输巷道上，对于还没有进行阶段划分的矿体，可以采用其他方法得出分矿段点的最优位置高度，方法如下：

　　以图 3-13 棱柱形矿体为例，将矿体最顶部和矿体最底部之间的垂直范围作为分矿段点 A 的定义域。令矿石提升至矿体顶部所需耗费的运输功为 $f(z)$，以矿体最底部为起点 $z=0$，矿体顶部为终点 $z=h$，点 A 所在水平面下部矿体的矿量为 $Q_{下}$，上部矿体的矿量为 $Q_{总}-Q_{下}$，则 $f(z)$ 满足：

$$f(z)=Q_{下}h+(Q_{总}-Q_{下})(h-z)=(Q_{下}-Q_{总})z+Q_{总}h \tag{3-8}$$

式中：$Q_{下}$ 随着 z 的变化不断增大，当 $z=h$ 时，$Q_{下}=Q_{总}$。

　　若整个矿体产状稳定且呈现规则几何体，则可将矿量 $Q_{下}$ 用 z 表达：

$$Q_{下}=abz\gamma \quad Q_{总}=abh\gamma \tag{3-9}$$

式中：a 为矿体沿走向长度；b 为矿体水平厚度；γ 为矿石容重。

　　将式(3-9)代入式(3-8)中得：

$$f(z)=ab\gamma z^2-ab\gamma hz+ab\gamma h^2 \tag{3-10}$$

　　根据一元二次函数的性质得函数顶点坐标 $A(\dfrac{h}{2},\dfrac{3ab\gamma h^2}{4})$，$f(z)$ 的函数如图 3-14 所示。

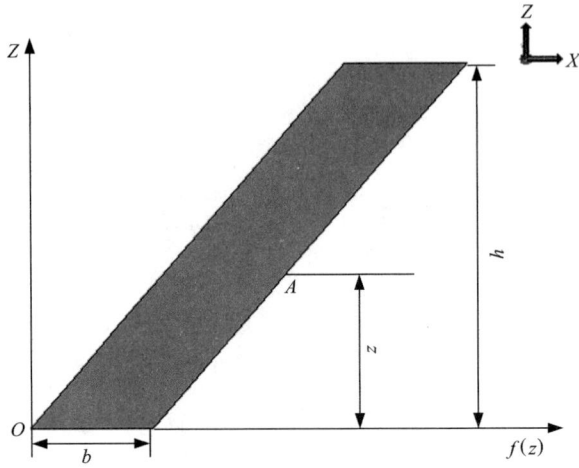

图 3-13　棱柱形矿体侧视图

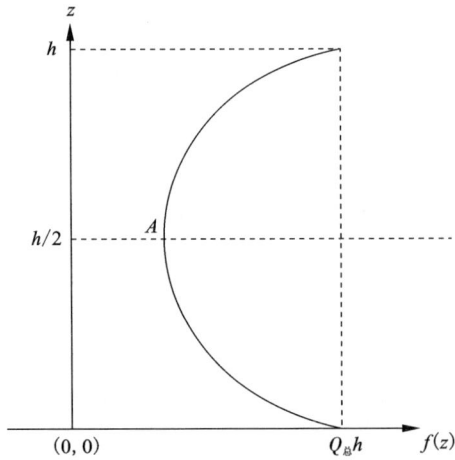

图 3-14　$f(z)$ 与 z 关系趋势图

由图 3-14 可知，棱柱形矿体的衔接点的最优位置高度在矿体垂直高度的中点处。

3.4.2　二维竞争的运输功算法

矿石地下运输功二维竞争可分为三类：沿走向-倾向方向二维竞争、沿走向-竖直方向二维竞争和沿倾向-沿竖直方向二维竞争。

（1）沿走向-倾向方向二维竞争的矿石地下运输功算法

分段集中提升方式会给矿石运输带来沿竖直方向的竞争，而分矿段点默认布置在某阶段水平运输巷道所在的平面上。为了避免在已划分阶段的基础上再根据矿石提升运输功确定分矿段点高度的局限性，在含有竖直方向竞争的矿石地下运输中，先根据矿石提升运输功来确定分矿段点的高度，然后根据分矿端点的位置再进行阶段的划分，最后再进行平面运输功的计算。

以图 3-15 走向变化的矿体为案例。该矿体采用竖井开拓，对该矿体进行阶段和矿块划分，并根据放矿方式对每个矿块布置好出矿点，然后将各阶段运输平巷及出矿点投影到最低阶段运输平巷所在的水平面上，投影图如图 3-16 所示。

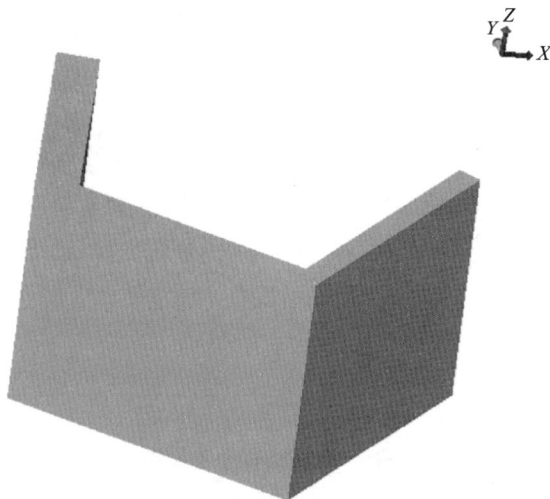

图 3-15　矿石运输功二维竞争的矿体

在投影的平面上建立二维坐标系，原点为 O。将竖井位置布置在图 3-16 中的地表移动界限内，令竖井投影点为点 $A(x, y)$，过点 A 分别对第 m 阶段运输平巷作两条垂线表示各阶段对应的石门；石门与各阶段运输平巷相交于第一点、第二点的坐标分别为 $B_{m1}(x_{B_{m1}}, y_{B_{m1}})$、$B_{m2}(x_{B_{m2}}, y_{B_{m2}})$；第 m 阶段运输平巷上第一个出矿点和最后一个出矿点的坐标分别为 $C_{m1^m}(x_{C_{m1^m}}, y_{C_{m1^m}})$、$C_{mq^m}(x_{C_{mq^m}}, y_{C_{mq^m}})$，其对应的出矿量为 Q_{m1^m}、Q_{mq^m}；令点 B_{m1} 和点 B_{m2} 之间的运输距离平分点

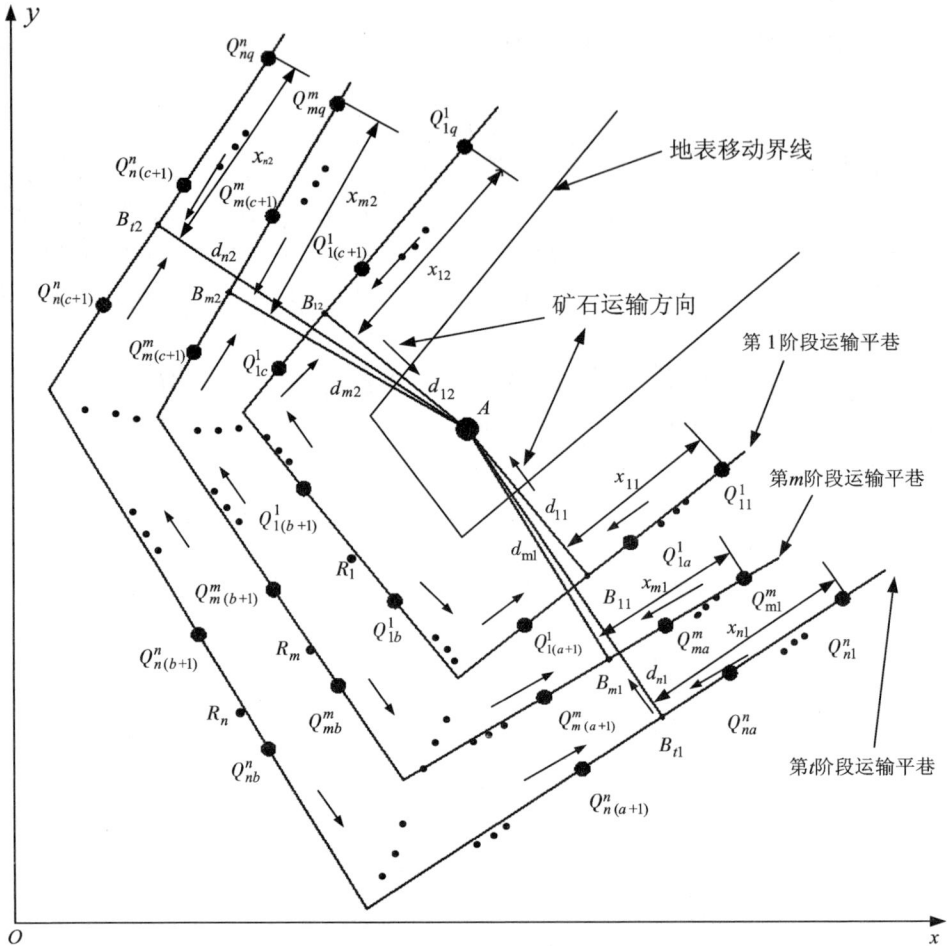

图 3-16　阶段运输平巷投影图

为 $R_m(x_{R_m}, y_{R_m})$，平分点右边和左边的矿量分别运至点 B_{m1} 和点 B_{m2}。

令第 m 阶段矿石运至主井 A 所需要的运输功为 $f_{m(x,y)}$，则 $f_{m(x,y)}$ 的计算主要分为以下几个步骤：

①由于各阶段运输巷道是一条固定的水平运输巷道，且在大部分巷道近乎直线段，所以令第 m 阶段运输平巷的第 i 条直线段的函数表达式为：

$$y = k_{mi}x + c_{mi} \tag{3-11}$$

计算第 m 阶段第 i 条石门的长度，依据点到直线的距离公式可得石门长度表达式为：

$$d_{mi} = |\frac{k_{mi}x - y + c_{mi}}{\sqrt{k_{mi}^2 + 1}}| \tag{3-12}$$

②令点 B_{m1} 到第一个出矿点 C_{m1^m} 的运输距离为 x_{m1}，点 B_{m2} 到最后一个出矿点 C_{mq^m} 的距离为 x_{m2}，由于点 B_{m1}、点 B_{m2}、点 C_{m1^m} 和 C_{mq^m} 的坐标已知，所以 x_{m1} 和 x_{m2} 可由两点距离公式得出，表达式为：

$$\begin{cases} x_{m1} = \sqrt{(x_{B_{m1}} - x_{C_{m1}})^2 + (y_{B_{m1}} - y_{C_{m1}})^2} \\ x_{m2} = \sqrt{(x_{B_{m2}} - x_{C_{mq^m}})^2 + (y_{B_{m2}} - y_{C_{mq^m}})^2} \end{cases} \tag{3-13}$$

③令第 m 阶段运输平巷上第 e^m 个出矿点和第 $e^m + 1$ 个出矿点的出矿量为 Q_{me^m}、$Q_{m(e^m+1)}$ 的出矿点之间的运输距离为 l_{me^m}，该运输距离为已知量。综合式（3-12）、式（3-13）、已知出矿点的出矿量 Q_{me^m} 和各出矿点之间的运输距离 l_{me^m}，可得出各阶段矿石运输功 $f_{m(x, y)}$ 关于点 $A(x, y)$ 位置变化的函数表达式如下：

第 1 阶段矿石运输功表达式：

$$\begin{aligned} f_1(x, y) = & Q_{11^1}x_{11} + Q_{12^1}(x_{11} - l_{11^1}) + \cdots + Q_{1a^1}(x_{11} - \sum_{e^1=1}^{e^1=a^1-1} l_{1e^1}) + \\ & Q_{1(a^1+1)}(\sum_{e^1=1}^{e^1=a^1} l_{1e^1} - x_{11}) + \cdots + Q_{1b^1}(\sum_{e^1=1}^{e^1=b^1-1} l_{1e^1} - x_{11}) + \\ & Q_{1(b^1+1)}(\sum_{e^1=b^1+1}^{e^1=q^1-1} l_{1e^1} - x_{12}) + \cdots + Q_{1c^1}(\sum_{e^1=c^1}^{e^1=q^1-1} l_{1e^1} - x_{12}) + \\ & Q_{1(c^1+1)}(x_{12} - \sum_{e^1=c^1+1}^{e^1=q^1-1} l_{1e^1}) + \cdots + Q_{1q^1}(x_{12}) + d_{11}\sum_{e^1=1}^{e^1=b^1} Q_{1e^1} + \\ & d_{12}\sum_{e^1=b^1+1}^{e^1=q^1} Q_{1e^1} \end{aligned} \tag{3-14}$$

同理可得，第 m 阶段矿石运输功表达式：

$$\begin{aligned} f_m(x, y) = & Q_{m1^m}x_{m1} + Q_{m2^m}(x_{m1} - l_{m1^m}) + \cdots + Q_{ma^m}(x_{m1} - \sum_{e^m=1}^{e^m=a^m-1} l_{me^m}) + \\ & Q_{m(a^m+1)}(\sum_{e^m=1}^{e^m=a^m} l_{me^m} - x_{m1}) + \cdots + Q_{mb^m}(\sum_{e^m=1}^{e^m=b^m-1} l_{me^m} - x_{m1}) + \\ & Q_{m(b^m+1)}(\sum_{e^m=b^m+1}^{e^m=q^m-1} l_{me^m} - x_{m2}) + \cdots + Q_{mc^m}(\sum_{e^m=c^m}^{e^m=q^m-1} l_{me^m} - x_{m2}) + \\ & Q_{m(c^m+1)}(x_{m2} - \sum_{e^m=c^m+1}^{e^m=q^m-1} l_{me^m}) + \cdots + Q_{mq^m}(x_{m2}) + d_{m1}\sum_{e^m=1}^{e^m=b^m} Q_{me^m} + \\ & d_{m2}\sum_{e^m=b^m+1}^{e^m=q^m} Q_{me^m} \end{aligned} \tag{3-15}$$

同理可得，第 t 阶段矿石运输功表达式：

$$\begin{aligned} f_t(x, y) = & Q_{t1^t}x_{t1} + Q_{t2^t}(x_{t1} - l_{t1^t}) + \cdots + Q_{ta^t}(x_{t1} - \sum_{e^t=1}^{e^t=a^t-1} l_{te^t}) + \\ & Q_{t(a^t+1)}(\sum_{e^t=1}^{e^t=a^t} l_{te^t} - x_{t1}) + \cdots + Q_{tb^t}(\sum_{e^t=1}^{e^t=b^t-1} l_{te^t} - x_{t1}) + \\ & Q_{t(b^t+1)}(\sum_{e^t=b^t+1}^{e^t=q^t-1} l_{te^t} - x_{t2}) + \cdots + Q_{tc^t}(\sum_{e^t=c^t}^{e^t=q^t-1} l_{te^t} - x_{t2}) + \end{aligned}$$

$$Q_{t(c^t+1)}(x_{t2} - \sum_{e^t=c^t+1}^{e^t=q^t-1} l_{te^t}) + \cdots + Q_{tq^t}(x_{t2}) + d_{t1}\sum_{e^t=1}^{e^t=b^t} Q_{te^t} +$$

$$d_{t2}\sum_{e^t=b^t+1}^{e^t=q^t} Q_{te^t} \tag{3-16}$$

将各阶段矿石运输功相加得到整个矿体的矿石运至主井所需要的运输功，有表达式：

$$f(x, y) = f_1(x, y) + \cdots + f_m(x, y) + \cdots + f_t(x, y) \tag{3-17}$$

再结合主井的井长可求得整个矿体的矿石提升至地表所消耗的运输功，得到该矿体矿石地下总运输功关于点 $A(x, y)$ 的变化趋势图，据图可以直观了解点 A 的最优参考位置以及矿石地下总运输功在定义域内的竞争激烈程度。

(2)沿走向-竖直方向二维竞争的矿石地下运输功算法

仍以图 3-12 为例说明，该类一维竞争初始指定了明竖井井口点 D 和盲竖井井底点 B 均为固定不动的点，只有点 A 和点 C 在竖直方向变动。

令点 D 在地表移动界线以外作非平行于矿体走向的轨迹移动，且移动范围不能超过最左端出矿点和最右端出矿点对应的垂线范围内，此时点 D 与点 A 的移动变化，使得矿石地下运输功呈现出二维竞争的特点。计算该类二维竞争的矿石运输功，要先通过沿竖直方向一维竞争的矿石地下运输功算法得出矿石提升运输功的表达式并确定点 A 的最优高度参考位置；最后通过沿走向方向一维竞争的矿石地下运输功算法得出矿石在阶段运输平巷上的运输功表达式并确定点 D 的最优参考位置。若点 A 和点 D 最优参考位置处的工程地质条件不适合布置提升井，同理，可以根据沿走向方向一维竞争的矿石地下运输功算法和沿竖直方向一维竞争的矿石地下运输功算法得出点 A 和点 D 最优参考位置周边点对应的矿石地下运输功。

(3)沿倾向-竖直方向二维竞争的矿石地下运输功算法

该类二维竞争的矿石运输功算法与沿走向-竖直方向二维竞争的矿石运输功算法类似，结合沿倾向方向一维竞争的矿石地下运输功算法和沿竖直方向一维竞争的矿石地下运输功算法，其余过程和沿走向-竖直方向二维竞争的矿石运输功算法一样。

3.4.3 三维竞争的运输功算法

该类竞争的矿石地下运输功算法仍以图 3-15 为例，并在原来的沿走向-倾向方向二维竞争的矿石运输系统上增设一个分矿段点，由单一的竖井提升方式改为明竖井-盲竖井联合提升方式。

三维竞争的矿石地下运输功算法先通过沿竖直方向一维竞争的矿石地下运输功算法确定分矿段点的最优高度位置；然后根据最优高度位置将图 3-15 所示的矿体划分为上、下两部分；其次对上、下两部分进行阶段划分、矿块划分和出矿点布置;最后采用沿走向方向–倾向方向二维竞争的矿石地下运输功算法分别得出明竖井井口和盲竖井井口的最优参考位置(即明竖井井口和盲竖井井口对应点的横坐标和纵坐标)。同样,根据所建立的三维竞争矿石运输功表达式,可以获悉矿石地下运输功关于最优参考位置周边点变化趋势,为开拓设计中相关巷道位置的选取提供科学合理的依据。

参考文献

[1] 陈寰. 最小综合运输功井位的确定[J]. 化工矿山技术, 1991, 20(1): 12–16.
[2] 陶应发. 对最小运输功准则及其计算方法的探讨[J]. 有色金属(矿山部分), 1993, 45 (2): 24–27.
[3] 赫尔曼·哈肯. 协同学——自然成功的奥秘[M]. 上海: 上海科学普及出版社, 1988.
[4] 郭治安. 协同学入门[M]. 成都: 四川人民出版社, 1988.
[5] 郭启亮, 王娇然. 感知不到的存在——试从四维空间解读《等待戈多》[J]. 金田, 2014, 45 (10): 31.

第4章
产状复杂矿体开采协同步距类型与计算方法

4.1 协同步距

地下矿山开采活动中，相关工程的稳定运行是保障矿山安全生产的必要前提，特别是采场坍塌、巷道大变形等地质灾害问题，一直是矿山企业关注的重点。

岩体开挖将造成原岩应力的重分布，采场回采对相邻围岩产生应力扰动，致使相邻工程产生相应形变甚至破坏。为提高回采效率、提升经济效益，矿山有时采用多阶段、多盘区、多矿块同时回采，如：云南省大红山铁矿井下同时开采阶段数达十余个。

产状复杂矿体随着倾角、厚度和走向三要素的变化，空间上为避免开采行为可能造成的工程灾害问题，需要超前回采一段距离，这一段距离称之为协同步距[1-2]。

4.2 产状复杂矿体开采协同步距类型

产状复杂矿体随着三要素的综合变化，可能在空间上展现出不同复杂形态，从这些形态矿体开采过程中抽丝剥茧，可归纳出产状复杂矿体涉及的协同步距主要分为以下两大类型：

(1)两相邻矿体回采协同步距

两相邻矿体回采协同步距主要用于互相扰动的相邻矿体开采中的协同设计。若两相邻矿体倾角为水平或微倾斜(<5°)以及缓倾角矿体(5°~30°)，且两矿体之间为分层关系，此时两相邻矿体之间的扰动主要为下层矿体开采时，由于围岩移动角的影响，将对上层矿体产生的围岩扰动现象；若两相邻矿体倾角为倾斜矿体(30°~55°)及以上，则两矿体之间为上下盘关系，两相邻矿体之间的扰动影响主要决定于围岩移动角与矿体倾角的关系。两相邻矿体回采协同步距主要通过岩石移动角及矿体的空间产状关系进行计算，主要体现在超前回采的阶段数。

（2）多阶段回采协同步距

多阶段回采步距主要用于厚大矿体与缓倾斜多层矿体开采中的协同设计，厚大矿体主要采用多进路多分段回采方式进行回采，其开采扰动影响主要体现在水平与垂直方向上各进路采场之间。多阶段同时回采产状复杂矿体，单纯通过岩石移动角的圈定与矿体的空间产状关系进行计算需多次圈定，工作繁重，可通过数值分析与综合评价手段来确定回采的协同步距，主要体现在超前矿块数（或采场数）。

4.3 两相邻矿体回采协同步距的计算方法

4.3.1 两相邻矿体之间的开采扰动关系

两相邻矿体主要分为水平（<5°）-缓倾斜（5°~30°）和倾斜（30°~55°）-急倾斜（>55°）两种基本类型。

两种基本类型的相邻矿体，在开采过程中产生围岩扰动的原因是不同的：对于水平-缓倾斜两相邻矿体，在其开采后所形成的采空区上方的岩层由于开采扰动而向采空区方向产生形变，最终会导致上覆岩层的垮落；在倾斜-急倾斜两相邻矿体开采时，上下层围岩在空间上形成近乎平行排列的顶底柱相互支撑的夹墙，由于夹墙比较薄，当夹墙承受的负荷超过其岩体的极限强度时，可导致夹墙倾覆，使上下层围岩向采空区移动，最后可导致矿山大规模的岩层移动和崩落[3]。

上下层岩层的移动范围可用岩层移动角来表示，移动盆地主断面上临界变形值的点和采空区边界点的连线与水平线之间在采空区外侧的夹角称为岩层移动角[4]。

（1）水平-缓倾斜两相邻矿体

①两水平相邻矿体。

对于两水平相邻矿体而言，仅存在沿走向的回采方式，其开采扰动关系如图 4-1 所示。此时，上层矿体的回采只对其上覆岩层产生影响，而对下层矿体基本不造成任何影响；下层矿体的回采所形成的采空区，使上覆岩层产生垮落从而对上层矿体产生影响，其影响范围为图 4-1 中阴影部分，其回采影响范围远比采空区范围要大得多。

②两缓倾斜相邻矿体。

两缓倾斜相邻矿体存在沿走向和倾向两种回采方式，沿走向回采时其扰动关系与两水平相邻矿体的扰动关系类似，而沿倾向回采时的开采扰动关系如图 4-2 所示。

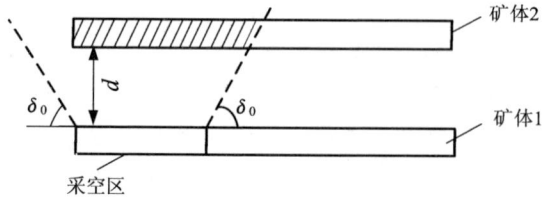

δ_0—走向移动角；d—矿体 1 和矿体 2 的矿层间距。

图 4-1　两水平相邻矿体的开采扰动关系

在下行式回采时[见图 4-2(a)]，矿体 1 的采空区势必会对矿体 2 造成扰动影响；在上行式回采时[见图 4-2(b)]，矿体 1 也会对矿体 2 产生扰动影响。

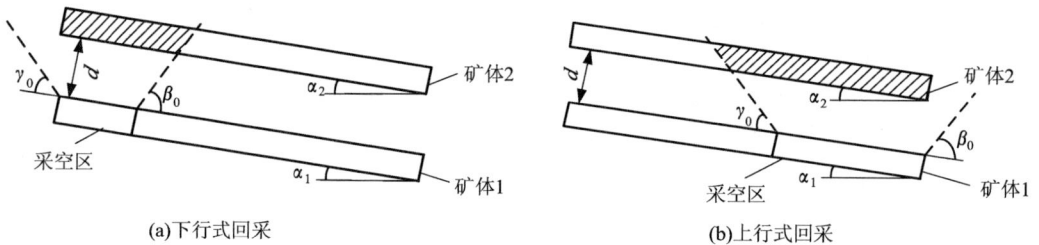

(a)下行式回采　　　　　　　　　　　　　　(b)上行式回采

γ_0—上山移动角；β_0—下山移动角；α_1、α_2—矿体 1 和矿体 2 的倾角。

图 4-2　两缓倾斜相邻矿体的开采扰动关系

(2)倾斜-急倾斜两相邻矿体

倾斜-急倾斜两相邻矿体一般采用下行式开采，根据矿体倾角大小不同可分为两种情况：矿体倾角小于岩层移动角、矿体倾角大于岩层移动角。

①矿体倾角小于岩层移动角。

当矿体倾角小于岩层移动角时，两相邻矿体的开采扰动关系如图 4-3 所示。

矿层间距较小时[见图 4-3(a)]，上层矿体会受到下层矿体开采扰动的影响，而下层矿体则在上层矿体开采扰动范围之外。根据图 4-3(a)几何关系，可得到下层矿体对上层矿体的影响高度 h 与矿层间距 a 的关系式：

$$h = \frac{a}{(\cot\alpha_2 + \cot\beta_1)} \tag{4-1}$$

当矿层间距增大到 a_1 时，下层矿体对上层矿体的开采扰动影响的高度 h 达到矿体 2 的垂直高度 H_2[见图 4-3(b)]。此时，下层矿体的回采不再对上层矿体产生开采扰动的影响，即当 $a > a_1$ 时，两相邻矿体间不再有开采扰动的影响。

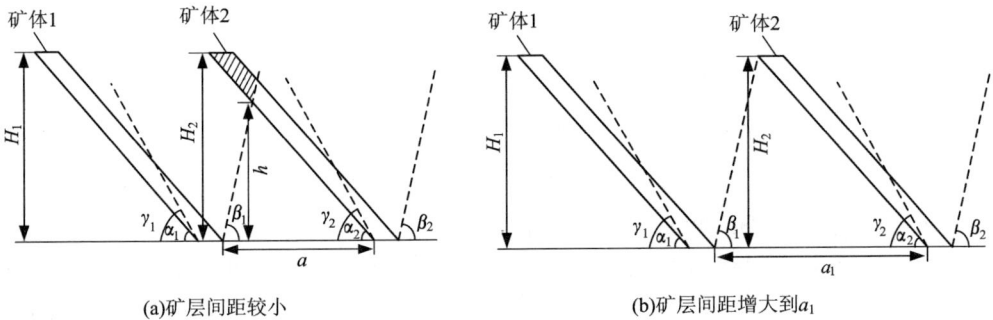

(a)矿层间距较小

(b)矿层间距增大到a_1

H_1、H_2—矿体 1 和矿体 2 的高度；β_1、β_2—矿体 1 和矿体 2 的上盘围岩移动角；γ_1、γ_2—矿体 1 和矿体 2 的下盘围岩移动角；a、a_1—矿层间距；h—下层矿体对上层矿体的开采扰动影响范围的垂直高度。

图 4-3　矿体倾角小于岩层移动角

②矿体倾角大于岩层移动角。

当矿体倾角大于岩层移动角时，两相邻矿体的开采扰动关系如图 4-4 所示。

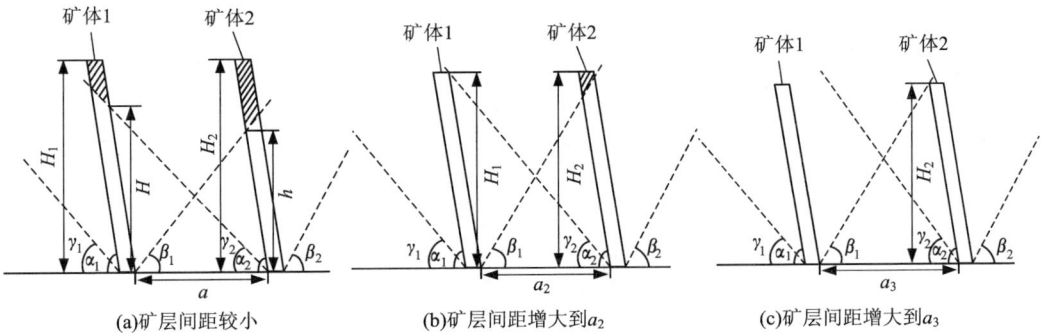

(a)矿层间距较小

(b)矿层间距增大到a_2

(c)矿层间距增大到a_3

a_2、a_3—矿层间距；H—上层矿体对下层矿体的开采扰动影响范围的垂直高度。

图 4-4　矿体倾角大于岩层移动角

当矿层间距较小时［见图 4-4(a)］，上层矿体的回采会对下层矿体产生开采扰动的影响，下层矿体的回采也会对上层矿体产生开采扰动的影响。根据图 4-4(a) 几何关系，可得到上层矿体对下层矿体的影响高度 H 和矿层间距 a 之间的关系式：

$$H = \frac{a}{(\cot\gamma_2 - \cot\alpha_1)} \tag{4-2}$$

联合式(4-1)、式(4-2)，可得到 H 与 h 之间的关系式：

$$H = \frac{h\sin(\alpha_2+\beta_1)\sin\gamma_2\sin\alpha_1}{\sin(\alpha_1-\gamma_2)\sin\alpha_2\sin\beta_1} \tag{4-3}$$

一般而言，上层移动角小于下层移动角，由式(4-3)可知 H 在一般情况下大于 h。

当矿层间距增大到 a_2 时，上层矿体对下层矿体的影响高度 H 增大到 H_1［见图4-4(b)］。此时，上层矿体的回采不再对下层矿体产生开采扰动的影响，而下层矿体的回采仍然对上层矿体有开采扰动的影响。

当矿层间距增大到 a_3 时，下层矿体对上层矿体的影响高度 h 增大到 H_2［见图4-4(c)］。此时，下层矿体的回采不再对上层矿体造成开采扰动；即当 $a>a_3$ 时，两相邻矿体间不再有开采扰动的影响。

4.3.2　两相邻矿体协同步距计算式

基于前述两相邻矿体间不同情况下的扰动关系分析，可根据矿体开采所采用的开采方式与相应的开采参数，得到两相邻矿体的协同步距计算式。

(1)水平-缓倾斜两相邻矿体协同步距

①两水平相邻矿体协同步距。

两水平相邻矿体沿走向方向回采时，其开采扰动的影响如图4-5所示。

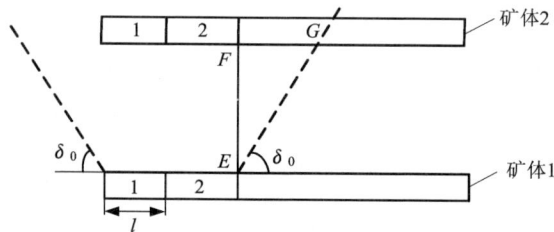

l—矿块长度。

图4-5　两水平相邻矿体沿走向回采

此时，上层矿体回采至 F 点，下层矿体回采至 E 点，下层矿体对上层矿体的扰动影响范围最大达到 G 点，上层矿体在 F 点的回采工作受到下层矿体扰动的影响。若实现两水平相邻矿体协同开采，上层矿体应超前回采，且超前距离应大于 FG 的长度。

由前述开采扰动关系分析，EF 的长度为矿层间距 d，根据 EF 和 FG 的几何关系，可得到 FG 的长度为

$$FG = \frac{d}{\tan\delta_0} \tag{4-4}$$

设上层矿体超前的矿块数为 N，则 N 的计算式为

$$N = \text{ROUNDUP}\left(\frac{d}{l\tan\delta_0}\right) + 1 \qquad (4-5)$$

式中：ROUNDUP 表示向上取整。

②两缓倾斜相邻矿体协同步距。

两缓倾斜相邻矿体沿倾向回采的情况如图 4-6 所示。

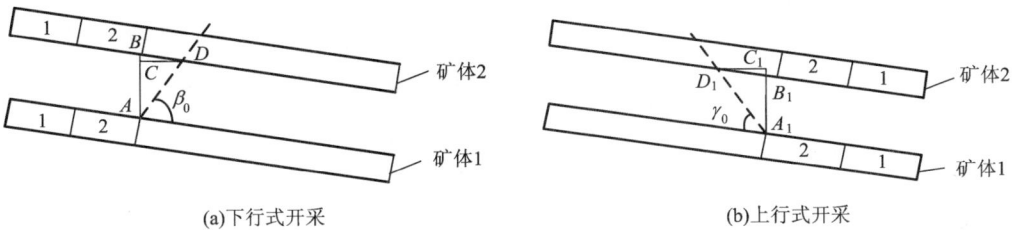

(a)下行式开采　　　　　　　　　　　　(b)上行式开采

图 4-6　两缓倾斜相邻矿体沿倾向开采

当两缓倾斜相邻矿体下行式回采时［见图 4-6(a)］，上层矿体回采至 B 点，下层矿体回采至 A 点，下层矿体对上层矿体造成的开采扰动影响最大可至 D 点，上层矿体在 B 的回采行为受到下层矿体开采扰动的影响。若实现两缓倾斜相邻矿体协同开采，上层矿体应超前回采，超前距离要大于 BD 的长度。由图 4-6(a) 的几何关系可得 BD 与矿层间距 d 的关系式为

$$BD = \frac{d}{\cos\alpha_2(\tan\beta_0\cos\alpha_2 + \sin\alpha_2)} \qquad (4-6)$$

设此时上层矿体下行式回采时需要超前的矿块数为 N_1，则 N_1 的表达式为：

$$N_1 = \text{ROUNDUP}\left[\frac{d}{l\cos\alpha_2(\tan\beta_0\cos\alpha_2 + \sin\alpha_2)}\right] + 1 \qquad (4-7)$$

当两缓倾斜相邻矿体上行式回采时［见图 4-6(b)］，上层矿体回采至 B_1 点，下层矿体回采至 A_1 点，此时下层矿体对上层矿体的开采扰动影响最大可至 D_1 点，上层矿体的 B_1 点处于下层矿体的扰动范围之内。此时，若实现两缓倾斜矿体协同开采，须上层矿体超前回采，且超前距离要大于 B_1D_1 的长度。由几何关系可得 B_1D_1 与矿层间距 d 的关系式为

$$B_1D_1 = \frac{d}{\cos\alpha_2(\tan\gamma_0\cos\alpha_2 - \sin\alpha_2)} \qquad (4-8)$$

设此时上层矿体上行式回采时需要超前的矿块数为 N_2，则 N_2 的表达式为

$$N_1 = \text{ROUNDUP}\left[\frac{d}{l\cos\alpha_2(\tan\gamma_0\cos\alpha_2 - \sin\alpha_2)}\right] + 1 \qquad (4-9)$$

（2）倾斜–急倾斜两相邻矿体协同步距

在开采倾斜–急倾斜矿体时，往往把矿体在垂直方向上分成若干个阶段，然后阶段内进行分层、分段、阶段开采，如图4-7所示。

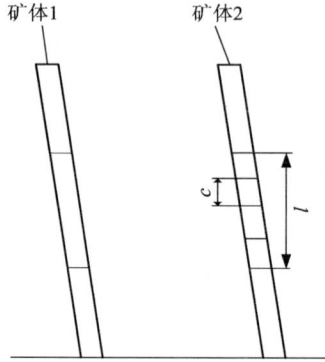

矿体1   矿体2

l—阶段高度；c—分层或分段的高度。

图4-7 倾斜和急倾斜矿体的回采工况

基于扰动关系，将倾斜–急倾斜两相邻矿体的开采扰动关系分为三类：无扰动关系、单一矿体扰动关系、两矿体相互扰动关系。

①无扰动关系。

当倾斜–急倾斜两相邻矿体满足矿体倾角大于岩层移动角且矿体间距 $\alpha > a_3$，或者矿体倾角小于岩层移动角且矿体间距 $\alpha > a_1$ 时，即为无扰动关系。此时，两矿体间互相不产生开采扰动的影响，可进行同步回采。

②单一矿体扰动关系。

当倾斜–急倾斜两相邻矿体满足矿体倾角大于岩层移动角且矿层间距 α 在 (a_2, a_3) 之间，或当矿体倾角小于岩层移动角且矿体间距 α 在 $(0, a_1)$ 之间时，即为单一矿体扰动关系，如图4-8所示。

此时，上层矿体会受到下层矿体的开采扰动的影响，而下层矿体不受上层矿体开采扰动的影响。单一矿体扰动关系的两相邻矿体需实现协同开采时，其协同步距要保证上层矿体的采场在下层矿体的开采扰动影响之外。

矿体开采时的阶段高度 l 小于下层矿体对上层矿体开采扰动的垂直高度 h ［见图4-8(a)］，此时，两矿体同时进行同水平的第2号矿段的回采，上层矿体的2号矿段并未在下层矿体的2号矿段开采扰动的影响范围之内。即当 $l < h$ 时，无论是进行分段、分层开采或阶段开采，两相邻矿体均可同步回采。

当矿体开采的阶段的高度 l 大于下层矿体对上层矿体开采扰动的垂直高度 h ［见图4-8(b)］，此时，上层矿体和下层矿体同时开采到2号矿段，上层矿体的2

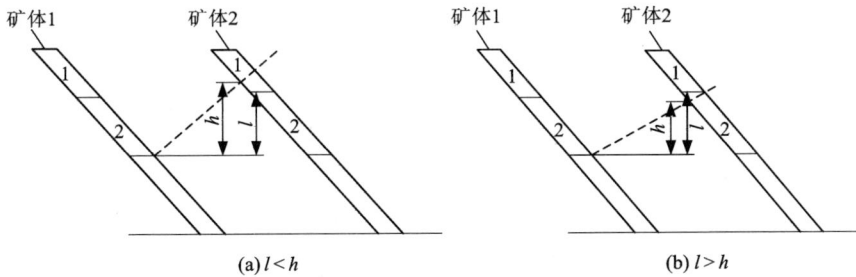

图 4-8　单一矿体扰动关系两种不同开采工况

号矿段处于下层矿体的 2 号矿段的开采扰动范围之内。即在当 $l>h$，两相邻矿体进行同水平矿段上的开采时，上层矿体的开采会受到下层矿体开采扰动的影响。此开采条件下，若要实现阶段协同开采，上层矿体的开采应超前下层矿体一个阶段高度，即协同步距为一个矿段高度。

同理，为实现分层或分段回采时，若 $c<h$，两相邻矿体可同步开采；若分层或分段高度 $c>h$，要实现相邻矿体的协同开采，协同步距为一个分段或一个分层高度(上层矿体超前)。

③两矿体相互扰动关系。

当倾斜-急倾斜两相邻矿体满足矿体倾角大于岩层移动角且矿层间距 α 在 $(0, a_2)$ 之间时，即为两矿体相互扰动关系，如图 4-9 所示。

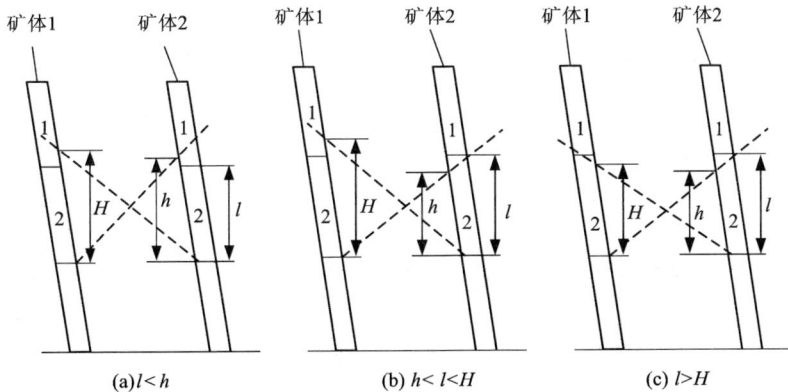

图 4-9　两矿体相互扰动关系三种不同开采工况

此时，无论开采方式如何，两矿体均会因采空区围岩移动而相互影响，协同步距应确保两矿体的采场布置在开采扰动的影响范围之外。

阶段高度 l 小于下层矿体对上层矿体开采扰动的垂直高度 h［见图 4-9(a)］。此时，上下层矿体间互相不产生开采扰动的影响。对于这种情况，无论是进行分段、分层开采或阶段开采，均可同步回采。

阶段高度 $l > h$，但小于上层矿体对下层矿体开采扰动的垂直高度 H［见图 4-9(b)］。此时，上层矿体和下层矿体同时回采 2 号矿段，上层矿体的 2 号矿段会受到下层矿体开采扰动的影响。若实现相邻矿体的协同开采，上层矿体须超前开采于下层矿体。如满足阶段高度 $2l < H$，协同步距为一个阶段高度（上层矿体超前）。若阶段高度 $2l > H$，上层矿体超前于下层矿体一个阶段开采时，下层矿体正在开采的采场也会受到上层矿体的开采扰动影响；若采用阶段协同开采会存在安全隐患，此时进行分层或分段协同开采更为合理。当分层和分段高度 $c < h$ 时，相邻矿体可同步回采；当分层或分段高度大于 h 时，其协同开采步距为一个分层或分段高度（上层矿体超前）。

阶段高度 $l > H$［见图 4-9(c)］，此时，上层矿体和下层矿体同水平矿段均受到相邻矿体的开采扰动影响。对于这种情况，同水平阶段下层未采矿体必然处于上层矿体开采扰动影响范围之内。此时，采用阶段协同开采安全性较差，应采用分层或分段协同开采，同理，分层或分段高度 c 应小于 H，保证相邻矿体的协同开采作业的安全。若分层或分段高度 $c < h$，此时可进行同步开采；若分层或分段高度 $c > h$，但小于 H 时，要实现两矿体的协同开采，上层矿体应超前开采与下层矿体。当其超前开采的分层或分段距离大于 H 时，上层矿体也会对下层矿体正在开采的采场产生影响，此时上层矿体超前下层矿体的最大分层或分段数 n 应为

$$n = \mathrm{ROUNDDOWN}\left(\frac{H}{D}\right) \tag{4-10}$$

式中：n 至少为 1；ROUNDDOWN 表示向下取整。

对于矿体的阶段高度 $2l > H$，以及 $l > H$ 和分层高度 $c > H$ 这三种情况，实际工程中由于采空区的坍陷不会立即发生，可采用超前支护或及时充填等手段来保证工程稳定性，也可使用更安全的采矿方法规避灾害。

4.4　多阶段回采协同步距的计算方法

4.4.1　多阶段协同步距计算思路

结合矿山开采实际，为实现矿山安全高效、绿色协调生产，改变传统单阶段开采模式，以多个阶段同时开采为主要模式，同时开采的各阶段工作面相互间以采场为计算单位的最佳超前距离，即为多阶段协同开采的协同步距。确定协同步距可为实施多阶段协同回采力学行为提供可依据的数学标准，合理的协同步距是

多阶段同时安全高效绿色开采的前提条件,协同步距的确定受诸多因素的影响和制约,这些因素既包括自然因素也包括人为因素、社会因素等其他因素,包含极丰富的内容。

多阶段协同开采步距的计算中,本着安全的原则,将安全稳定性作为影响协同步距计算的主导因素。安全稳定性因素较难准确确定,与采矿方法、采场参数、岩石力学参数、开采强度、开采顺序等一系列因素有关,一般需通过数值模拟手段确定。

因此,从矿山工程大系统出发,多阶段协同回采协同步距计算的重点为分析开采过程中采场受其他阶段开采的影响程度和开采环境恶化程度,辅以考虑矿井生产能力提高幅度和稳定程度、规模生产带来规模效益、无废开采过程废石处理环节、采场布置的分散程度对生产管理带来的影响程度等。具体确定适应厚大矿体的多阶段协同开采步距的计算思路和方法,如图 4-10 所示。

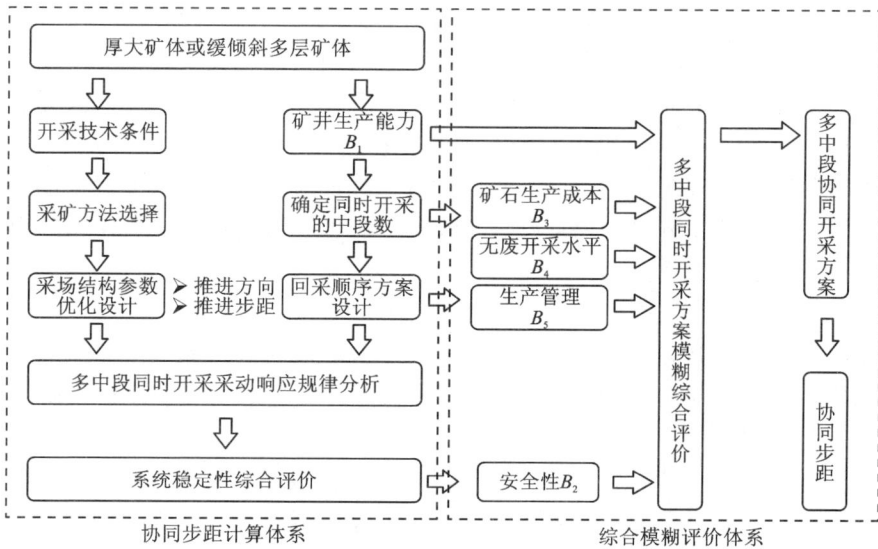

图 4-10　多阶段协同开采步距计算方法与路线

根据矿体的赋存特征,分别进行采矿方法选择、采场结构优化、同时开采阶段数选择、回采顺序方案设计、采动响应规律研究和系统稳定性评价等,构建出协同步距计算体系,初步确定多阶段同时开采方案;再运用模糊数学层次分析法建立多阶段同时回采综合模糊评价体系,对多阶段同时开采的各方案进行综合评价。评价得分值最高的方案即为协同方案,且其对应的推进步距为协同步距。

4.4.2 多阶段协同步距计算体系

多阶段开采的主要目的是提高生产规模以保证企业的经济效益。因此，以矿井生产能力为基础，从以下 4 个方面构建多阶段协同开采步距计算体系：同时开采阶段数确定；多阶段同时开采回采顺序方案设计；多阶段同时开采采动响应规律分析；系统稳定性分析。

（1）同时开采阶段数确定

多阶段同时开采虽能大幅度提高矿井生产能力，但也存在生产管理分散、巷道维护工作量大、占用设备数量多、污风串联严重等突出问题，并不是同时开采阶段越多越好。因此，实现多阶段协同开采需根据矿井生产能力选择同时开采的阶段数，并对多阶段开采过程的采动响应规律进行分析，协调各阶段下降速度，优化回采顺序，降低应力集中程度，减缓岩层的移动幅度。

（2）多阶段同时开采回采顺序方案设计

不同的开采顺序对周围矿岩造成不同的加载和卸载路径，形成不同的应力场和位移场变化。开采顺序不合理会造成局部区域应力高度集中，若该区域出现在采场作业面或未开采的区域，将造成开采条件恶化，矿石回采困难，也可能引发采场失稳、地表塌陷等大规模岩层移动地质灾害。

多阶段同时开采既要考虑同一阶段的开采顺序又要兼顾上下阶段采场布置相对位置关系。为防止开采顺序混乱，降低生产管理分散程度，必须合理确定各阶段推进方向和超前关系。

（3）多阶段同时开采采动响应规律分析

受自然因素和开采技术因素共同影响，多阶段同时开采具有开采强度大、扰动范围广、采动响应剧烈、叠加规律复杂等特点，研究采动响应规律是确定协同开采步距的依据。

目前，常用数值模拟手段研究采动响应规律，即根据矿山开采条件，建立矿体数值模型，再基于采场结构参数、采矿方法等对不同开采方案进行模拟，全面分析不同多阶段开采方案下的采动响应规律。分析内容主要包括应力场转移规律、岩层移动规律、塑性破坏分布规律等。为对比多阶段同时开采与传统单阶段开采采动响应规律的区别，也需对单阶段开采模式进行模拟。

（4）系统稳定性分析

采场稳定性与矿山整体稳定性密切相关，由岩体结构力学观点可知，矿山发生大规模岩层移动往往是由某个采场失稳引发。因此，可通过分析采场稳定性来评价矿山开采系统整体稳定性。

根据多阶段同时开采采动响应规律分析结果，将开采过程中围岩的应力变化、位移变化、塑性损伤区域、安全率分布状况等作为指标，进行采场稳定性分析评价。

4.4.3 多阶段协同步距综合模糊评价体系

多阶段同时开采模式不能单方面追求矿井生产能力提高，还需注重各方面全面改善，即生产安全性得到保证、成本明显降低、企业效益大幅提高、生产组织和谐有序、环境保护与资源开发协调发展等。

从矿山系统角度出发，运用层次模糊分析法[5]对多阶段同时开采方案进行评价，得分最高的方案即为最优方案，即协同开采方案，其对应的各阶段采场推进关系即为协同步距。

（1）评价体系构建

以多阶段同时开采优选方案为总目标层（记为 A），以矿井生产能力、安全稳定性、矿石生产成本、无废开采水平、管理复杂程度等因素为准则层，分别用 B_1、B_2、B_3、B_4、B_5 表示。根据各因素对总目标的不同影响程度赋予不同的权重值，取值范围介于 0 至 1 间。

（2）评价因素权重及分值确定

①矿井生产能力 B_1。

在单采场生产能力和每阶段布置采场数目不变的条件下，理论上当各阶段都达到最大生产能力时，同时开采的阶段数越多，生产能力越大，B_1 的分值也越高。多阶段同时开采在投产前期和后期的生产能力稳定性受阶段间投产时差影响，且阶段间采场推进步距对产量稳定性具有较大的影响。步距短达到最大产量时间短，整个过程产量稳定；反之会延长达产时间，使产量不稳定。

因此，B_1 的取值受同时开采的阶段数、阶段间采场推进步距两个因素影响。将这两个因素对生产能力的影响定为 C_1 和 C_2，占 B_1 的权重分别定为 0.6 和 0.4。

当采用 2 个阶段同时开采时 C_1 取 0.8；3 个及以上阶段同时生产时 C_1 取 1。C_2 取值根据阶段间采场推进关系确定，当工作面齐头并进时 C_2 取 1；相互间超前 1 个采场步距时，C_2 取 0.9；超前 2 个采场步距时，C_2 取 0.8；超前 3 个采场步距时，C_2 取 0.7；超前 4 个采场步距时，C_2 取 0.6；超前 5 个采场步距时，C_2 取 0.5；超前 5 个以上采场步距时，取值为 0。两个以上的阶段同时开采时，按照以上原则选择相邻阶段间的 C_2 值，然后取算术平均值。

②安全稳定性 B_2。

推进步距对采场稳定性影响较大，对于上阶段超前于下阶段的开采模式，推进步距越大，各阶段开采的相互影响越小，采场的稳定性越高。当上阶段采场受下阶段开采的影响很小时 B_2 取 1；若受到的影响显著且造成采场失稳时 B_2 取 0，其他情况根据对采场稳定的降低程度适当打分。

对于齐头并进或下阶段超前上阶段的开采模式，可将作业采场稳定性划分为稳定、较稳定和不稳定三个等级，具体取值如表 4-1 所示。

表 4-1 采场安全稳定性取值

等级	描述	B_2
稳定	采场围岩应力状态良好,应力值远低于岩体强度值,且岩层移动幅度较小	1
较稳定	采场围岩或矿柱应力集中,但应力值未超过岩体抗拉或抗压强度。岩层移动较大,出现一定面积的塑性区域	0.5
不稳定	采场围岩应力值超过岩体抗压或抗拉强度,岩层大幅度移动,甚至出现不收敛状态,塑性破坏区域较大	0

③矿石生产成本 B_3。

矿石品位对其生产成本影响较大，开采低品位厚大矿体经济效益相对较低，小规模生产一般难以盈利。在市场价格等一些因素不变的情况下，吨矿生产成本是衡量企业效益的重要因素。实行多阶段同时开采模式，可以大幅度提高生产规模，降低企业管理费用和采选成本，有利于降低每吨矿石的生产成本。B_3 取值主要受同时开采阶段数影响，受推进步距影响较小。将这两个因素对 B_3 的影响程度定为 C_3 和 C_4，分别占 B_3 的比重为 0.8 和 0.2，C_3 和 C_4 的取值方法分别与 C_1 和 C_2 一致。

④无废开采水平 B_4。

将阶段数和推进步距对 B_4 的影响定为 C_5 和 C_6，各占 B_4 的权重值为 0.6 和 0.4。

C_5 取值原则为：二阶段同时开采时，取 0.8；三阶段同时开采时，取 0.9；三个以上阶段同时开采时，取 1。

C_6 取值原则为：采用下阶段超前上阶段或齐头并进开采模式时，取 1；当采用上阶段超前开采模式时，每超前一个采场 B_4 取值降低 0.2，超前 5 个以上的采场步距时 B_4 值取 0。两个以上的阶段同时开采时，按照以上原则选择相邻阶段间的 B_4 值，然后取算术平均值。

⑤生产管理复杂程度 B_5。

多阶段同时开采模式具有生产作业分散、巷道维护工作量大、占用设备数量多、管线与轨道不能及时回收利用、污风串联、地压突出等缺点，易造成回采顺序、回采速度混乱等问题。因此，矿山企业的生产管理难度较大。

在保证安全的前提下，缩短作业线长度、降低采场的分散程度都有利于企业生产的管理。同时，开采的阶段数和超前步距对生产的管理复杂程度都有较大的影响。一般同时开采阶段数越多、超前步距越大、管理越复杂。将同时开的阶段

数和超前步距对 B_2 的影响定为 C_7 和 C_8，各占 B_5 的权重值为 0.7 和 0.3。

C_7 取值原则为：二阶段同时开采时，取 0.9；三阶段同时开采时，取 0.7；三个阶段以上同时开采时，取 0.5。

C_8 取值原则为：采用下阶段超前上阶段或齐头并进开采模式时，取 1；当采用上阶段超前开采模式时，每超前一个采场 C_8 值降低 0.1；超前 5 个采场或以上步距时 C_8，取 0。两个以上的阶段同时开采，按照以上原则选择相邻阶段间的 C_8 值，然后取算术平均值。

（3）协同方案与协同步距确定

利用层次分析方法确定准则层中各因素的权重，对比每两个因素的重要性，并定量表示。定量值从 1~9，分值越高越重要。

构建判断矩阵 $\boldsymbol{A}$-$\boldsymbol{B}$，计算其最大特征根 $\lambda_{\max}$ 及对应的特征向量 W，算出归一化得到排序权重，检验矩阵的一致性。求得 $\boldsymbol{A}$-$\boldsymbol{B}$ 矩阵如表 4-2 所示。

表 4-2　利用层次分析法构建的矩阵 $\boldsymbol{A}$-$\boldsymbol{B}$

A	B_1	B_2	B_3	B_4	B_5	权重	一致性检验
B_1	1	1/2	1	2	2	0.2	
B_2	2	1	2	4	4	0.4	$CI=0$
B_3	1	1/2	1	2	2	0.2	$RI=1.12$
B_4	1/2	1/4	1/2	1	1	0.1	$CR=0<0.1$
B_5	1/2	1/4	1/2	1	1	0.1	符合要求，可接受

多阶段同时开采方案最终评分求解公式为

$$\boldsymbol{M}_{ij}=\boldsymbol{R}_{ij}\times\boldsymbol{W}^{\mathrm{T}} \tag{4-11}$$

式中：i 为方案；j 为因素；$\boldsymbol{R}_{ij}$ 为因素评分值矩阵；W 为因素集权重向量。

由于 $\boldsymbol{R}_{ij}$ 取值与 C 层因素有很大的关系，结合前述分析确定的 C 层权重，如表 4-3 所示。

由表 4-3 可知，除 B_2 值难通过同时开采阶段数和推进步距进行评分外，其他因素都可根据选定方案按照相应原则对 C 层进行评分。B_2 取值须经过采动响应规律分析，完成采场稳定性评价后进行评分。利用式（4-11）确定各方案总分值，分值高低代表开采方案的优劣，分值最高者即为协同方案，该方案所对应的超前步距即为协同步距。

表 4-3　多阶段同时开采综合评分权重值表

决策层	指标层因素	影响因素层	$B–C$ 权重值	$A–C$ 权重值
A	B_1	阶段数 C_1	0.6	0.12
		推进步距 C_2	0.4	0.08
	B_2	综合影响	—	0.4
	B_3	阶段数 C_3	0.8	0.16
		推进步距 C_4	0.2	0.04
	B_4	阶段数 C_5	0.6	0.06
		推进步距 C_6	0.4	0.04
	B_5	阶段数 C_7	0.7	0.07
		推进步距 C_8	0.3	0.03

参考文献

[1] 陈庆发, 杨承业, 肖体群. 地下矿山两相邻矿体开采扰动关系与协同步距分析[J]. 金属矿山, 2019, 54(7): 1-7.

[2] 牛文静, 陈庆发, 刘严中, 等. 低品位厚大矿体多阶段协同开采步距计算方法[J]. 金属矿山, 2016, 51(9): 23-29.

[3] 李铀, 白世伟, 杨春和, 等. 矿山覆岩移动特征与安全开采深度[J]. 岩土力学, 2005, 26(1): 27-32.

[4] 郭文兵. 煤矿开损害与保护[M]. 北京: 煤炭工业出版社, 2013.

[5] 李晓璐, 李春雷, 李德玉. 基于多层次模糊分析法的大坝安全评价研究[J]. 人民长江, 2010, 41(17): 92-95.

第 5 章
产状复杂矿体分区协同开采适用采矿方法

采矿方法在地下矿山生产中占据着核心地位,矿山所采用的采矿方法是否合理、正确与否,直接影响着矿山的经济效益、生存和发展[1]。如矿山企业忽视采矿方法的革新与创新,仍惯用或套用一些典型采矿方法,则未必能够取得最好的经济效益,甚至可能造成无法回采而被迫放弃的尴尬局面。产状复杂矿体的回采,其采矿方法的选择尤其如此,有时需要创新设计新的采矿方法。

对于多种多样的产状复杂矿体,在矿段产状比较单一矿段分区内,可能需要灵活采用单一传统采矿方法;而在产状特别复杂矿段分区内,可能需要开发与开采条件相适应的协同采矿方法,在全局上呈现多采矿方法并举的局面。这些采矿方法之间,可能有竞争,也有协同,通过相互之间的协调、配合,最终实现整个产状复杂矿体的分区协同开采。

5.1 适用的传统采矿方法

传统采矿方法可分为空场采矿法、崩落采矿法和充填采矿法三大类。这种分类,以回采时的地压管理方法为依据,从根本上说"是以矿石和围岩的物理力学性质为根据,同时又与采矿方法的使用条件、结构和参数、回采工艺等有密切关系,并最终影响到开采的安全、效率和经济效果"。

(1)空场采矿法

空场采矿法在回采的过程中将矿块划分为矿房和矿柱,在回采矿房时仅仅依靠矿柱和围岩自身的强度来维护。根据矿体倾角、厚度和矿岩稳固性的赋存情况,空场采矿法主要有全面采矿法、房柱采矿法、留矿采矿法、分段矿房法和阶段矿房法。

①全面采矿法。

全面采矿法的特点是工作面沿矿体走向或倾斜方向全面推进,在回采的过程中,在顶板不稳固处留下不规则的矿柱或人工支柱来支撑顶板。根据矿块中回采工作面的推进方向,把全面采矿法划分成沿矿体走向推进的、沿矿体伪倾斜推进的、逆矿体倾斜推进的和逆矿体伪倾斜推进的。用后两种全面采矿法开采倾角大于 25°或 30°的矿体。

逆矿体倾向推进的和逆矿体伪倾斜推进的全面采矿法，这两种全面采矿法的起始回采工作面都从位于采场下部的切割平巷开始。前一种采矿法回采工作面的推进方向始终逆矿体倾向，后一种采矿法则是从切割平巷的端部超前回采，形成倒"V"字形工作面后，再逆倾斜向上推进。由于这两种全面采矿法可以在采场中留矿，所以与沿矿体走向推进的和沿矿体伪倾斜推进的全面采矿法相比较，它们对于倾角大于 25°或 30°的矿体适应性较强。在这两种全面采矿法中逆矿体倾向推进的全面采矿法的适应性更强。逆矿体倾向推进的全面采矿法还便于分条或分块回采，以适应稳固性较差的矿岩，但逆矿体伪倾斜推进的全面采矿法的矿块生产能力大。

全面采矿法的回采工作面可沿走向、正倾向和逆倾向进行全面推进。当矿体倾角倾斜时，回采工作面采用逆倾斜推进更为合适，采用电耙运矿，是否需要掘进电耙硐室可视矿体倾角和厚度而定。当矿体厚度大于 3 m 时，宜分层回采。矿柱的布置可依据顶板稳固性、矿石品位等因素进行布置或者采取人工支柱替代。

全面采矿法灵活性强，可适用矿体倾角在缓倾斜和倾斜之间变化且厚度在薄和中厚之间变化的产状复杂矿体。

②房柱采矿法。

房柱采矿法的特点是在矿块或采区内交替布置矿房和矿柱，回采矿房时留下连续或间断的规则矿柱，用来支撑维护顶板。房柱法和全面法有很多相似之处，不同的是房柱法留规则矿柱，而全面法留不规则矿柱。根据矿体的厚度、相关设备的发展、围岩稳固性等因素，房柱法慢慢发展形成有浅孔房柱法、深孔无轨开采房柱法、锚杆房柱法等。

当矿体厚度发生变化时，相关工作人员可以根据矿体厚度采区不同的落矿方式并根据生产能力调整改进出矿设备；若遇到矿石品位变化、贵重矿石、顶板稳固性变化等情形时，可以视具体情形采取人工支柱替代、锚杆支护等措施。

房柱法比较适用于开采矿体倾角在水平和缓倾斜之间变化且厚度在薄、中厚和厚之间变化的产状复杂矿体。

③留矿采矿法。

将矿块分成矿房和矿柱，矿房里自下而上进行分层回采，主要采用浅孔爆破方式进行崩矿，每次采下的矿石放出三分之一，其余矿石暂留在矿房中作为继续上采的工作平台，当矿房回采完毕后，再对暂留的矿石进行大量放矿。

随着科技的发展，回采工艺涉及的落矿、矿石运搬、地压控制等具体工艺种类越来越多，留矿法的适用范围也越来越广，出现了电耙出矿留矿法、振动机放矿留矿法和全面留采矿法等。留矿采矿法主要适用于开采矿岩稳固、厚度为薄和极薄、倾角 65°以上的矿体。当矿体倾角小于 65°时，采用留矿法开采时，暂留矿房的矿石进行大量放矿会出现效率低、放矿口受阻、矿石损失大等问题。

浅孔留矿法的回采方式类似于分层回采，回采过程中遇到矿体厚度变化时，可及时调整回采厚度，将回采边界拉至矿体边界，防止矿石贫化超标或丢弃；遇到矿体倾角发生变化时，可及时调整炮孔角度，防止出现矿石贫化或丢弃的现象。当矿体厚度或倾角发生变化后且维持变化后的厚度或倾角一段距离，可以采用横向布置留矿法或调整矿石运搬工艺以适应矿体产状变化的情况。

浅孔留矿法的灵活性较强，比较适用于倾角在倾斜和急倾斜之间变化且厚度在极薄、薄和中厚之间变化的矿体。

④分段矿房法。

分段矿房法是按矿块的垂直方向，再划分为若干个分段在每个分段水平上布置矿房和矿柱，各分段采下的矿石分别从各分段的出矿巷道运出，当各分段矿房回采完后可立即回收矿柱和处理采空区，为下个分段回采提供稳定的作业平台。分段矿房采矿法以分段为独立的回采单元，灵活性较大。

由于分段矿房法是以分段作为独立的回采单元，回采后可立即对该分段的矿柱回收和空区进行处理，相关人员可以根据矿块的产状赋存特征对矿块进行分段。当矿体倾角在急倾斜或倾斜间变化时，可以利用该法对急倾斜区域和倾斜区域进行开采，矿柱的布置可以根据各区域矿体赋存情况进行调整优化，各分段矿石可以利用自重溜出，利用无轨装运设备运至离分段运输平巷最近的溜井；随着无轨设备的发展，该法可扩大至倾斜中厚和厚矿体。

分段矿房法可适用于开采倾角在倾斜和急倾斜变化且厚度在中厚和厚之间变化的产状复杂矿体。

⑤阶段矿房法。

阶段矿房法的特点是采用深孔落矿方式回采矿房，只在阶段下部布置底部出矿结构。根据落矿的方式不同，阶段矿房法可分为水平深孔阶段矿房法和垂直深孔阶段矿房法，而垂直深孔阶段矿房法又可分为分段凿岩阶段矿房法和阶段凿岩阶段矿房法。20 世纪 70 年代，加拿大根据球状药包漏斗爆破理论提出了爆破漏斗新概念，发展形成了垂直深孔球状药包落矿阶段矿房法（VCR 采矿法），该采矿法的特点是在矿房上部掘进凿岩硐室或凿岩巷道，打下向深孔，在孔端布置球形药包进行下向漏斗水平分层落矿，崩落的矿石由矿房底部装运巷道运出。

分段凿岩阶段矿房采矿法在急倾斜薄矿脉的应用也能取得良好的技术经济效益，诸如：在五龙金矿破碎型急倾斜矿脉中，从分段巷道中进行锚杆支护上盘，在矿房全高上，顶柱和两个分段巷道中的锚杆支护形成支撑带，缩小围岩跨度，在支撑的有效时间内完成回采作业；峪耳崖金矿与长沙矿山研究院合作，在 1 m 厚的薄矿脉进行分段凿岩，采用之字形布孔、不耦合装药、分段崩矿、阶段强力出矿等综合技术，提高了采场生产能力，严格控制了采幅宽度，降低了采矿损失贫化,使该方案突破在近极薄矿脉条件中应用。

阶段矿房法可根据矿体的厚度和倾角变化,通过分段、调整落矿方式等来应对矿体产状变化,适用于开采倾角在倾斜和急倾斜之间变化且厚度在薄及以上之间变化的产状复杂矿体。

(2)崩落采矿法

崩落采矿法是以崩落围岩来实现地压控制管理的采矿方法,基本特点就是随着矿石的回采,强制或自然崩落围岩充填采空区。随着崩落采矿法的发展与应用,根据矿体倾角、厚度、矿岩稳固性等因素,崩落采矿法主要有单层崩落法、分层崩落法、分段崩落法和阶段崩落法。由于产状复杂矿体的复杂性,不同特点的崩落法的适用范围也不一样。

①单层崩落法。

单层崩落法是将厚度一般小于 3 m 的缓倾斜矿层作为一个分层回采,随着回采工作面的推进,除保留回采工作所需要的工作空间外,有计划地回收支柱并崩落顶板充填采空区,用来控制顶板压力。顶板岩石的稳固性不同,回采工作面的形式也随之不同,根据工作面的形式不同,单层崩落法分为长壁式崩落法、短壁式崩落法和进路式崩落法。

长壁式崩落法的工作面长度等于整个矿块的斜长,工作面形式有直线式和阶梯式,直线式有利于顶板管理,阶梯式可缩短回采工作的循环时间,落矿采用浅孔爆破,出矿采用电耙出矿;当矿层顶板稳固性较差时,采用长壁工作面不容易控制顶板地压,可在矿块中掘进分段巷道用来划分工作面,将工作面长度缩小,形成短壁工作面。短壁式崩落法回采作业和长壁式崩落法基本相同,上部短壁工作面回采超前下部,上部矿石经过分段巷道和上山运至阶段运输巷道。进路式崩落法是将矿块用分段巷道或上山划分成沿走向的小分段或沿倾斜的条带,从分段巷道或上山向两侧或一侧用进路进行回采,可根据顶板岩石的稳固性调整进路的宽窄,进路采完后便进行放顶工作。

单层崩落法采用浅孔爆破,回采过程中可及时了解矿体产状的变化情况。由于单层崩落法中的长壁式、短壁式和进路式主要是根据顶板岩石的稳固性来决定的,所以单层崩落法开采顶板围岩稳固性不稳定的缓倾斜薄矿体非常灵活;对于产状复杂矿体来说,主要适用于开采倾角在水平和缓倾斜之间变化且矿体呈薄层状的产状复杂矿体。

②分层崩落法。

分层崩落法是将矿块按垂直方向分层,自上而下回采,每个分层的矿石采出之后,上面覆盖的崩落岩石下移充填采空区,分层回采是在人工假顶保护之下进行的,将矿石与崩落岩石隔开,降低矿石损失与贫化。

按回采工作空间的形式,分层崩落采矿法可分为进路式分层崩落采矿法和壁式分层崩落采矿法。后者因回采工作空间容易失稳，使用较少。按构筑假顶的材料，分层崩落采矿法可分为竹木假顶分层崩落采矿法、金属网假顶分层崩落采矿法和钢筋混凝土假顶分层崩落采矿法。当采用竹木假顶分层崩落采矿法、金属网假顶分层崩落采矿法时，分别将竹笆或木板和金属网固定在纵梁上，并在回采下一分层时用棚子去支撑纵梁。当采用钢筋混凝土假顶分层崩落采矿法时，整体浇注厚度为 200~300 mm 的钢筋混凝土板，在回采下一分层时用木立柱或金属立柱支撑钢筋混凝土板。

分层崩落法以回采巷道为最小单元进行回采，布置方式及回采工艺灵活，适应性强，主要适用于开采倾角在缓倾斜、倾斜和急倾斜之间变化且厚度在中厚以上变化的产状复杂矿体。

③分段崩落法。

随着分段崩落法在国内外的发展，分段崩落法逐步发展形成有底柱分段崩落法和无底柱分段崩落法。

有底柱分段崩落法的主要特征是将阶段划分为若干个分段，自上而下逐个分段回采，每个分段下部设有出矿专用的底部结构，底柱将随下一分段采出。该采矿法可根据落矿方式分为水平深孔落矿有底柱分段崩落法和垂直深孔落矿有底柱分段崩落法。前者具有明显的矿块结构，每个矿块设有出矿、通风、行人等系统，在崩落层的下部需要开凿补偿空间；后者采用挤压爆破，连续回采，矿块没有明显的界限。无底柱分段崩落法的分段下部未设由专用出矿巷道所构成的底部结构，分段回采工作均在回采巷道中进行。无底柱分段崩落法结构简单，要求矿石稳固性中等以上。

分段崩落法的回采方案很多，应用范围广，可适用于开采倾角在缓倾斜、倾斜和急倾斜之间变化且厚度在中厚以上变化的产状复杂矿体。

④阶段崩落法。

阶段崩落法的主要特点就是回采高度等于阶段全高，按照阶段全高进行采准切割和回采工作。阶段崩落法根据围岩稳固性选取不同的落矿方式，分为阶段强制崩落法和阶段自然崩落法。

由于阶段崩落法的回采高度为阶段全高，使得该法灵活性弱。若矿体倾角变化频繁，则会影响凿岩和出矿；对于矿体厚度的变化，阶段崩落法可以调整矿块的布置方式，但要求矿体厚度大于 15 m。根据矿岩的稳固性，可结合阶段强制崩落法和阶段自然崩落法的特点对同一个矿块进行规划设计开采。

阶段崩落法没有分段崩落法灵活，可适用于部分矿体倾角在缓倾斜、倾斜或急倾斜之间变化且矿体厚度在厚及以上变化的产状复杂矿体。

(3)充填采矿法

充填采矿法的主要特点是伴随着回采作业面的前移，利用充填料对采空区实施充填，达到进行地压管理的目的。根据矿块结构的布置和回采工作面的推进方式，充填采矿法可分为单层充填采矿法、分层充填采矿法、分采充填采矿法和方框支架充填采矿法。

①单层充填采矿法。

单层充填采矿法的主要特点是按矿体全厚一次回采，回采工作面等于矿块斜长，随着回采工作面的前移，利用充填料对采空区实施充填。该采矿方法在很多方面和单层崩落法相似，根据工作面的推进方式可分为长壁式充填法、短壁式充填法和进路式充填法。

单层充填采矿法由于其工作面推进方式多样，可根据矿体倾角变化特征将矿体划分为不同区域配合不同的工作面推进方式，可适用于矿体倾角在30°以下变化的产状复杂薄矿体。

②分层充填采矿法。

分层充填采矿法的主要特点是将矿块划分成连续的小分层，分层高度一般为3 m左右；分层方向分为沿倾向方向和垂直伪倾斜方向；每个分层回采完后，利用充填料进行充填。根据回采方向可分为上向水平分层充填采矿法、上向倾斜分层充填采矿法和下向水平分层充填采矿法。其中，上向水平分层充填采矿法利用充填体作为继续上采的作业平台；上向倾斜分层充填采矿法利用矿石和充填料的自重进行运搬；下向水平分层充填采矿法中的每一个分层都是在人工假顶的保护下进行作业的。

分层充填采矿法以每个分层作为回采单元，且回采方式多样，可根据矿体倾角的变化进行分层，选取不同的回采方式，主要适用于开采矿体倾角在倾斜和急倾斜之间变化的产状复杂矿体，对矿体厚度没有限制，适用范围较广。

③分采充填采矿法。

分采充填采矿法（削壁充填采矿法）是指当矿体厚度极薄时，无法只采矿石，必须分别回采围岩和矿石，使得采空区达到允许工作的最小厚度，采出的矿石运出采出，采掘的围岩则用来充填采空区，为继续上采创造作业条件。

分采充填采矿法常用来开采急倾斜极薄矿体，当开采缓倾斜极薄矿体时，可以采用逆倾斜作业。

分采充填采矿法工艺复杂，适应范围小，但是对于开采贵重金属极薄矿体非常有效，可适用于开采倾角在缓倾斜和急倾斜之间变化且厚度极薄的产状复杂矿体。

④方框支架充填采矿法。

方框支架充填采矿法的基本特点是采用方框支架配合充填支护采空区，每次回采的矿石等于方框支架大小的分间，每分间矿石采出后，立即架设好方框，然后进行充填。

方框支架充填采矿法的回采工作可以从阶段水平底板开始或从顶板开始，方框要架设在地梁上，溜井和天井设在方框支架中，用木板与充填料隔开，上层方框进行落矿作业，下层方框进行矿石运搬。

方框支架充填采矿法可适合开采产状复杂矿体，但具有劳动强度大、劳动生产率低等缺点，可适用于开采贵重金属矿体形状极其复杂的产状复杂矿体。

5.2　传统采矿方法在回采产状复杂矿体时的不足

产状复杂矿体的复杂主要表现在空间上产状要素变化的复杂，因此传统采矿方法在回采产状复杂矿体时，其不足主要体现在采场结构方面，如：

（1）单一采矿法在整体上适应产状复杂矿体的能力不足

传统采矿方法是在产状单一矿体回采的技术角度发展而来；面对产状复杂变化矿体的回采，采用单一的传统采矿方法，往往可以在一定程度上较好地胜任局部矿段，但难以胜任全局。

可以采用多种适切的采矿方法（包括协同采矿方法在内）共同对产状复杂矿体回采，各采矿方法相互协调与配合，共同实现产状复杂矿体的分区协同开采。

（2）单一采矿法回采产状复杂矿体某一局部区域或某单一矿块时能力不足

产状复杂矿体分区开采过程中，在单体设计时可能面对某一局部区域或某单一矿块出现采场结构复杂的现象，此时采用单一采矿方法也可能出现达不到理想效果的情况，比如伪倾斜房柱式采矿法在采场太长情况下采用电耙出矿，会出现由于耙距过长能耗高且效率低的现象。这一现象说明了单一采矿法回采产状复杂矿体某一局部区域或某单一矿块时能力不足。

可能需要将传统单一采矿法与其他技术或采矿方法优势耦合，从而创新出新的协同采矿方法。

（3）多采矿方法协调、配合方面的实践认知不足

产状复杂矿体的回采，除了单纯的走向发生变化外，往往需要多采矿方法共用。

当前，在多采矿方法协调、配合方面的实践认知仍不足，突出表现在矿山对产状复杂矿体的特性认识不深；对多采矿方法的协同度、回采顺序认识不足；对开采系统可能出现的灾害认识和控制经验不足等。

5.3 协同采矿方法创新路径

大多数传统采矿方法基于产状稳定单一的矿体发展而来，面对产状复杂矿体，只有少数采矿方法具备一定程度的灵活适用性。为实现产状复杂矿体的安全高效和谐开采，仍需要继续研发大量适用于产状复杂矿体回采的协同采矿方法。

第一作者 2018 年出版了《金属矿床地下开采协同采矿方法》[2] 一书，归纳总结了我国采矿学者 2009—2018 年提出的 19 种协同采矿方法，其中第一作者提出 10 项协同采矿方法。

基于过去开发协同采矿方法的经验，推荐几条可能适用于产状复杂矿体回采的协同采矿方法创新路径：

(1)传统采矿方法两两之间，甚至更多维度之间，通过相互取长补短、协作增效，可能产生具有协同属性的协同采矿方法。整体上，这一类协同采矿方法开发相对较易，现有协同采矿方法多属于这一类。部分高难度多维协同采矿方法，则开发难度较大，未来有望进一步发展。

(2)当前一些先进技术比如爆力运搬、无轨运输、先进凿岩设备等，代替过去传统技术或与传统采矿方法相组合，从而在某些工艺与作业上相互协作，或去臃补盈，产生明显的协同效应，形成新的协同采矿方法。这类协同采矿方法的研发，一段时间内仍有较大的研发空间。

(3)一些传统采矿方法，通过整体或者局部结构的变异、复制、杂交等，也可能产生新的协同采矿方法。目前这一类协同采矿方法开发得不多，且与传统矿块概念认知可能有异(如采场台阶布置多分支溜井共贮矿段协同采矿方法)；但从采矿技术本质来说，只要能够安全经济地把矿挖出来，仍不失为是一种好的采矿方法，所以这类协同采矿方法未来仍有较大开发可能性。

5.4 适用于产状复杂矿体回采的协同采矿方法

本章对现有协同采矿方法进行梳理，选出 5 种适用于产状复杂矿体的协同采矿方法。这些协同采矿方法主要有：

(1)采场台阶布置多分支溜井共贮矿段协同采矿方法

对于多层水平或缓倾斜薄至中厚矿体的开采，利用传统采矿方法有合采或分采两种方式。当夹层较薄时，常选择合采方式；当夹层较厚时，选择分采方式。在分采方式中，受出矿结构和出矿设备的限制，一般先开采上层矿体，再逐层回采下层矿体；各矿层的回采作业相互干扰大，不具有独立性，且运搬工艺受回采作业限制，使得采场生产能力低，工作组织复杂。此外，在传统的分采方式中，如果各矿层使用单独的出矿系统，其所要布置漏斗数量便相应增加；如果各矿层使用共用溜井出矿系统，层间的回采作业互相制约，失去了回采作业的独立性。

为解决开采多层水平或缓倾斜薄至中厚矿体时采用常规溜井存在的出矿管理困难等缺点，陈庆发等[3]于 2015 年发明了一种采场台阶布置多分支溜井共贮矿段协同采矿方法。该采矿方法三维示意图如图 5-1 所示。

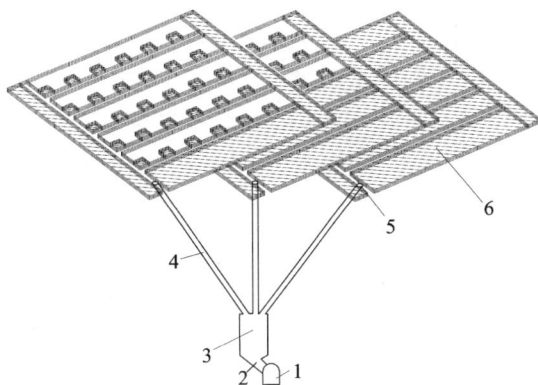

1—阶段运输巷道；2—漏斗；3—贮矿段；4—溜井；5—拉底巷道；6—间柱。

图 5-1　一种采场台阶布置多分支溜井共贮矿段协同采矿方法示意图

采场台阶布置多分支溜井共贮矿段协同采矿方法在整体结构上可以看作由普通房柱法自身复制组合形成；出矿系统溜井布置方式类似于扇形。该采矿方法创新的重点在于基于矿体赋存条件，通过局部改进多层矿体的出矿结构与布置形式，最大限度地减小了多层矿体回采过程中的互相影响与制约，促进了多采场矿石运搬工作与漏斗放矿工作间的有效协同；同时，布置的多分支溜井共贮矿段结构大大增加了贮矿能力，有效解决了矿石运输受溜井贮矿能力制约的问题，促进了矿石运输能力与溜井贮矿能力的协同，最终全面实现了生产过程中的安全高效集约出矿，提升了传统房柱法在多层水平或缓倾斜薄至中厚矿体的应用技术水平。

采场台阶布置多分支溜井共贮矿段协同采矿方法通过布设出矿结构，再结合空场法、崩落法和充填法中的典型采矿法的适用特点，进一步扩大了传统采矿方法的适用范围，可适用开采呈多层状分布的产状复杂矿体。

（2）分段凿岩并段出矿分段矿房采矿法

对于矿体倾角频繁变化或因断层造成矿体在厚度方向发生错动的产状复杂矿体，若采用分段矿房法的话，虽然分段矿房法灵活性大，可以根据矿体产状变化特征进行分段，但是该法需要在每个分段布置专门的出矿结构，采准工程量大，使得采矿成本增加。为了增强分段矿房法对该类产状复杂矿体开采的适用性，同时又克服上述缺点,陈庆发等[4]巧妙吸收结合了分段凿岩阶段矿房法的特点发明了一种分段凿岩并段出矿分段矿房采矿法,能满足倾角频繁变化或矿体因断层沿厚度方向发生错动的产状复杂矿体的有效开采。该采矿方法示意图如图 5-2所示。

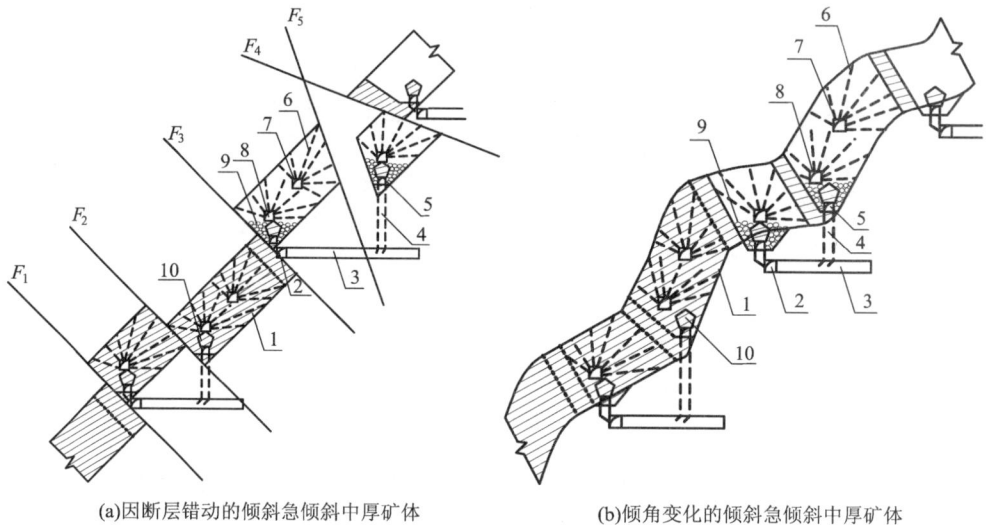

(a)因断层错动的倾斜急倾斜中厚矿体　　(b)倾角变化的倾斜急倾斜中厚矿体

1—矿体;2—阶段运输巷道;3—装矿平巷;4—溜井;5—电耙巷道;
6—炮孔;7—分段凿岩巷道;8—拉底巷道;9—崩落矿石;10—漏斗。

图 5-2　分段凿岩并段出矿分段矿房采矿法示意图

分段凿岩并段出矿分段矿房采矿法充分结合了分段矿房法和分段凿岩阶段矿房法的特点,并段出矿结构与采场台阶布置多分支溜井共贮矿段协同采矿法的共贮矿段出矿结构的布设思路相似。该法在合并分段和独立分段均布置专门的出矿结构,在合并分段中的每个分段布置分段凿岩巷道。相比于分段矿房法,该法减少了采切工程量,还能保证合并分段和独立分段的作业同步,降低了矿块回采时间,提高了劳动生产率。

分段凿岩并段出矿分段矿房采矿法适用于矿体倾角在倾斜和急倾斜之间频繁变化或矿体因断层发生错动的产状复杂中厚矿体。若借鉴该采矿法的分段凿岩与并段出矿相结合的特点,再根据矿体倾角、厚度等情况从空场法、崩落法和充填法中选取适合的回采工艺,可进一步扩大部分传统采矿方法的适用范围。

(3)浅孔凿岩爆力-电耙协同运搬分段矿房采矿法

单层倾斜薄矿体一般采用留矿全面法、爆力运矿采矿法和上向进路充填采矿法。对于多层倾斜薄矿体,继续采用这三种采矿法,矿石运搬成本将会大大增加且效果不理想,相邻矿层间的回采影响很大。为解决此问题,陈庆发等[5]将爆力运矿采矿法特点引入到分段空场法中,发明了一种浅孔凿岩爆力-电耙协同运搬分段矿房采矿法,其示意图如图 5-3 所示。

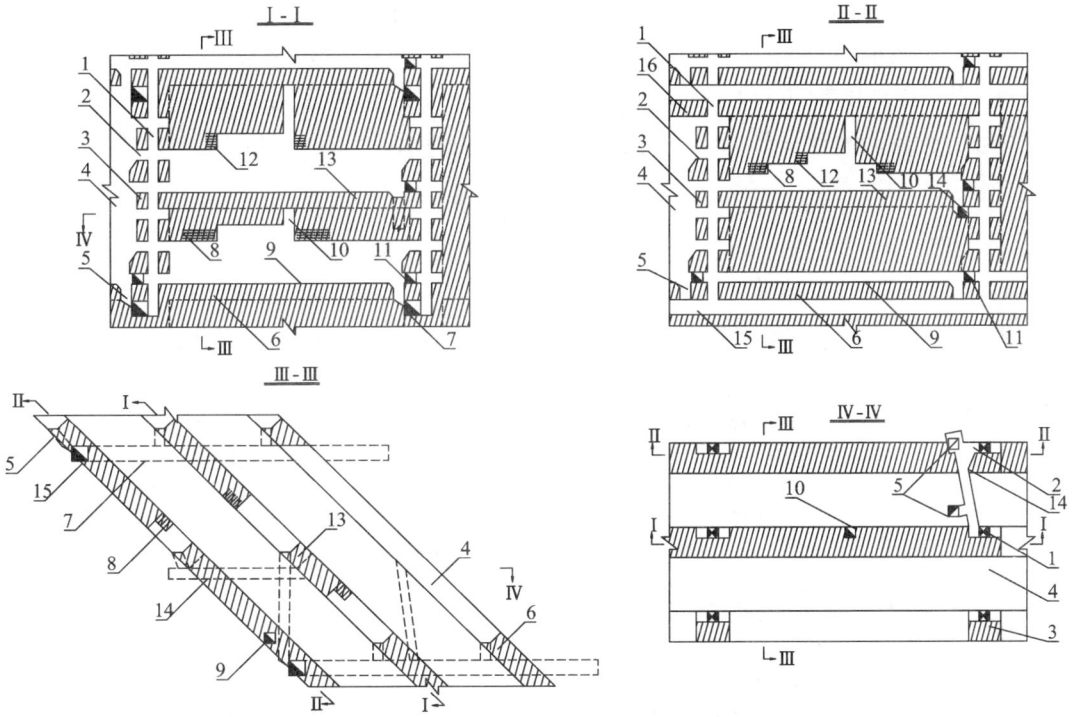

1—人行天井;2—联络道;3—间柱;4—采空区;5—分段溜井;6—阶段底柱;7—穿脉运输巷道;8—垂直倾向上向平行炮孔;9—电耙巷道(堑沟);10—先行天井;11—电耙硐室;12—水平平行炮孔;13—分段底柱;14—辅助电耙道;15—沿脉运输巷道;16—阶段顶柱。

图 5-3 浅孔凿岩爆力-电耙协同运搬分段矿房采矿法示意图

浅孔凿岩爆力-电耙协同运搬分段矿房采矿法对矿块进行分段,但是各分段没有布置专门的出矿结构,上分段通过溜井连通到下分段的出矿巷道,各分段采用浅孔凿岩爆力运搬技术将矿石运搬至电耙巷道。该法主要通过改进矿块结构来协调多层矿体出矿,通过矿块分段布置并结合爆力运搬技术,克服了传统采矿方法耙距过长、能耗过高的缺陷。

浅孔凿岩爆力-电耙协同运搬分段矿房采矿法主要适用于矿体呈多层状分布的倾斜薄矿体,若是结合多分支溜井共贮矿段出矿结构和分段凿岩并段出矿结构,可进一步扩大该采矿法对产状复杂矿体的适用范围。

(4)电耙-爆力协同运搬伪倾斜房柱采矿法

在开采倾斜薄矿体时，可采用的传统采矿方法主要有全面法、房柱法和留矿法等。采用这些采矿方法时，电耙出矿受限因素多，崩落矿石难以完全靠自重在底部放出，存在放矿难、回收率低、贫化损失大等技术难题。如：全面留矿采矿法采准布置较简单，工程量小，降低了矿石的贫化和损失；但电耙绞车上下移动较频繁，人员需进入空场，存在一定安全隐患，且溜井工程量大，矿房矿柱回收率低；伪倾斜房柱式采矿法工作效率低，服务范围小，阶段高度小，工程量大。且由于矿体厚度较薄，不宜广泛采用爆力运矿采矿法。为了克服这些问题，陈庆发等[6]发明了一种电耙-爆力协同运搬伪倾斜房柱式采矿法，其示意图如图5-4所示。

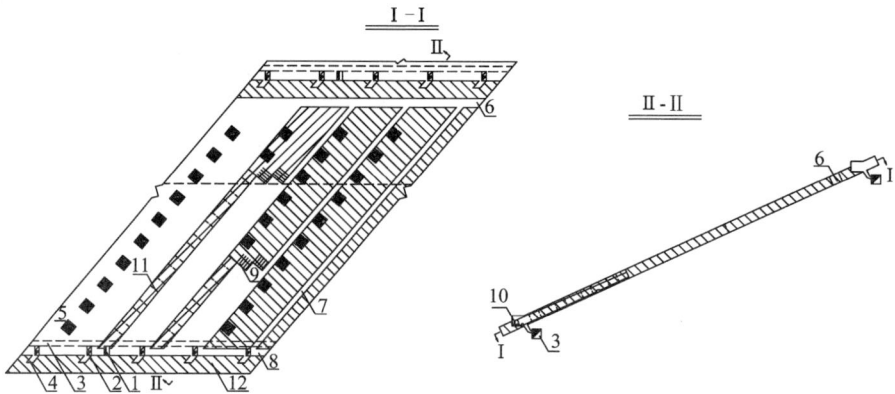

1—人行天井；2—放矿溜井；3—阶段运输巷道；4—电耙硐室；5—点柱；6—回风巷道；
7—上山（电耙道）；8—切割平巷；9—炮孔；10—电耙绞车；11—条形矿柱；12—底柱。

图5-4 电耙-爆力协同运搬伪倾斜房柱采矿法示意图

该法是在伪倾斜房柱法的基础上，充分结合利用了爆力运搬和电耙运搬的特点。传统的伪倾斜房柱式采矿法通常采用电耙出矿，由于耙距过长，能耗高且效率低。通过将爆力运搬融入伪倾斜房柱式采矿法，配合电耙出矿，不仅可以增加伪倾斜采场的长度，还可以提高整个采场的出矿效率，降低矿石贫化损失。

该法的初衷是用于开采倾斜薄矿体，解决倾斜薄矿体出矿难的问题。但是，该法将爆力运搬与电耙运搬相结合的思路可以推广应用到产状复杂矿体中，可以根据矿体倾角、厚度等方面对矿体进行分段，不同分段选取不同的矿石运搬工艺或爆破方式，然后根据不同工艺间的衔接、矿石溜出等设计衔接工程。

（5）一种缓倾斜薄矿体采矿方法

采用壁式崩落法、分层崩落法等方法开采煤系地层下铝土矿时，由于回采时崩落顶板围岩，将破坏上部煤层造成煤层资源损失，或崩落带与上部煤层采空区贯通，增加铝土矿开采的风险；采用锚杆支护房柱法、阶段矿房法等方法开采煤系地层下铝土矿时，回采后的空区亦因应力集中、矿岩风化、遇水软化等因素影响，造成顶板围岩垮落，将破坏上部煤层造成煤层资源损失，或崩落带与上部煤层采空区贯通，增加铝土矿开采的风险。同时现房柱法劳动生产率低，采矿成本高，资源损失浪费严重，普遍达不到铝土矿资源合理开发利用"三率"最低指标要求；且围岩破碎不稳固，地压管理困难，作业安全保障度不高。两步骤矿房充填法能较好地适用于铝土矿的保护性开采，但由于铝土矿直接顶、底板多为软弱黏土岩，遇水易泥化，只能采用膏体充填或块石胶结充填，这类充填生产系统投资大、成本高。为了克服这些不足，陈何等[7]发明了一种缓倾斜薄矿体采矿法，其示意图如图 5-5 所示。

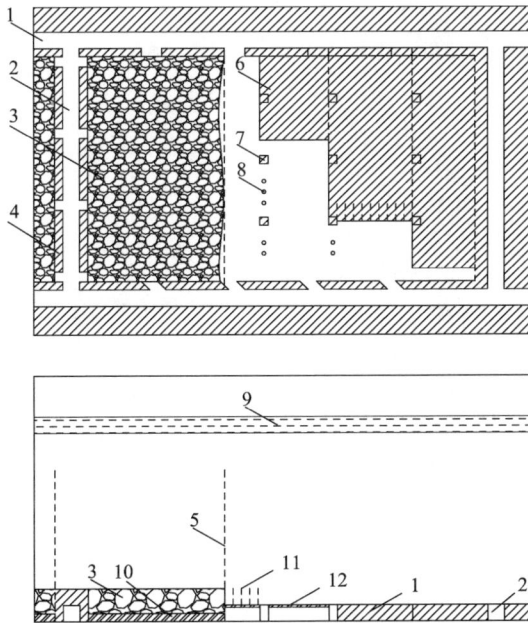

1—阶段平巷；2—盘区上山；3—切顶崩落充填；4—盘区间柱；5—诱导放顶；6—回采分带；7—矿柱；8—液压支柱；9—上部矿层；10—碎石充填；11—切顶崩落炮孔；12—护顶矿层。

图 5-5　一种缓倾斜薄矿体采矿方法示意图

　　该法将矿块沿走向分为 7 个左右的条带式矿房，采用机械化凿岩，精细化控制落矿，凿岩与出矿平行作业。矿房回采结束后，利用充填料充填采空区，并预留 1.0~1.5 m 的空区高度，进行切顶崩落充填采空区，然后每个 2 个条带式矿房进行诱导崩落，保证铝土矿的上覆岩层均匀下沉。

该法融合了空场法、崩落法和充填法的优势，通过改进采场结构和回采工作，实现凿岩作业与出矿作业的协同；同时，利用充填料充填、切顶充填和诱导崩落协同控制地压，实现上覆岩层均匀下沉，保证一定范围外的上覆煤层不受铝土矿开采的影响。该法主要适用于开采多层状分布的缓倾斜薄矿体，尤其是相邻矿层作业影响大的矿体，缺点是支护工作量大，组织管理复杂。

(6)组合再造结构体下中深孔落矿协同锚索支护嗣后充填采矿法

通常采用分层充填法开采顶底板不稳固或上下盘围岩松散的中厚倾斜矿体，在回采的过程中采用锚杆、锚网等措施进行支护，过程非常复杂，且作业人员直接暴露在空区下，安全风险高；由于上下盘围岩不稳固且支护工艺落后于回采作业，易引起矿石损失和贫化。为解决上述问题，在协同开采理念和采矿环境再造技术的指导下，邓红卫等[8]发明了一种组合再造结构体中深孔落矿协同锚索支护嗣后充填采矿法，其示意图如图5-6所示。

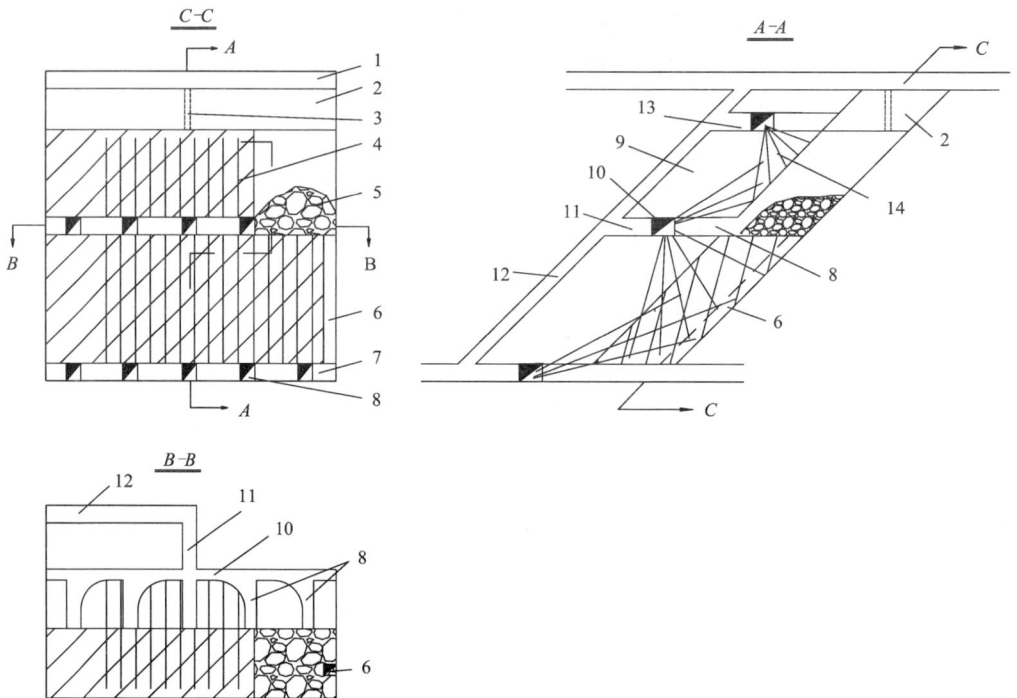

1—水平沿脉巷道；2—人工假顶；3—充填井；4—锚索及中深孔；5—崩落矿石；6—切割井；
7—阶段运输巷道；8—出矿进路；9—上盘围岩；10—凿岩巷道；11—分段联络道；12—上山；
13—切顶进路；14—扇形中深孔。

图5-6　组合再造结构体下中深孔落矿协同锚索支护嗣后充填采矿法示意图

　　组合再造结构体下中深孔落矿协同锚索支护嗣后充填采矿法的突出特点在于将矿房沿倾斜方向分段，在上盘围岩中布置上山进路，通过分段联络道连通各分段凿岩、支护、出矿巷道，通过钻凿深孔实现凿岩、支护、出矿作业在同一巷道进行；该法不仅发挥出深孔的装药爆破功能，还利用深孔发挥出支护的功能；通过在围岩部分的深孔进行锚索支护，不仅支护了不稳定的上盘围岩，还为回采空间制作出人工假顶。该法打破了传统的凿岩崩矿工作方式，创新地选择在上盘围岩中钻凿深孔通达矿体，然后根据通过围岩和矿体的深孔实现支护与爆破作业的协调配合，达到了采矿环境再造的良好效果。

　　组合再造结构体下中深孔落矿协同锚索支护嗣后充填采矿法充分发挥了深孔的功能并多样化，有序结合了凿岩、钻孔、支护和出矿工艺，可以针对产状复杂矿体的赋存特征，将该思路应用到采切工程和回采工艺当中，以满足部分产状复杂矿体的安全高效开采。

5.5　分区协同开采多采矿方法的竞争与协同

　　产状复杂矿体分区协同开采思路主要为通过分区技术将产状复杂矿体分为若干分区，各分区内采取适切的采矿方法，分区间考虑各分区开采技术、矿块结构、工程布置等方面的高效衔接，继而实现产状复杂矿体的安全高效绿色和谐开采。分区间不同采矿技术之间矛盾与冲突的，主要表现在多采矿方法之间的竞争与协同方面。

　　从协同学角度看，竞争是协同的必要前提，协同是在序参量支配下子系统统一步调的运动过程[9]。产状复杂矿体分区协同开采即将开采系统分为若干个子系统，一个分区代表一个子系统，每个分区适切的采矿方法即为该子系统的序参量。由此便形成了整个系统中有多序参量竞争的局面：每个序参量都企图独自主宰系统，彼此处于均势状态，序参量之间自动形成妥协，合作起来协同一致控制系统，系统的宏观结构由几个序参量共同来确定。其中多采矿方法之间应该如何通过竞争形成妥协，协同合作起来是开采系统有序化必须解决的问题。由此可见，多采矿方法之间的竞争与协同是产状复杂矿体分区协同开采技术的核心，是实现整个开采系统有序化的关键所在。

　　多采矿方法之间的竞争主要为各采矿方法要素的竞争。采矿方法包括采场结构及采场回采工作两大方面，分别包括采场形式、结构参数、采准工程、切割工程及落矿、矿石运搬、地压控制。不同的采矿方法对应的采矿方法要素的具体内容不同，采矿方法要素间相互排斥、相互争胜，形成了多采矿方法的竞争局面。

　　多采矿方法之间的竞争孕育了多采矿方法的协同，多采矿方法的协同主要体现在以下三个方面：

(1)分区内矿块结构布局合理、各项生产作业协调有序。

不同产状矿体分区内，采用不同的采矿方法，产状复杂矿体不同分区内的矿段产状单一稳定，匹配不同的采矿方法。这个采矿方法可以是传统的某一采矿方法，也可以是根据不同开采技术条件开发的新采矿方法(协同采矿方法)。分区内的采矿方法协同主要体现了协同的第二层含义中的：序参量与其他参量之间的合作或联合作用。

(2)分区间各项工程有效衔接、相互配合，系统运行有序。

分区间考虑采矿方法、矿块结构的有效衔接，不同分区内，矿段产状存在竞争关系，须采用不同的采矿方法；同时，这些采矿方法共同表征整个产状复杂矿体回采的复合技术模式。分区间通过调整采场布置方式、采场形状、结构参数等采矿方法要素，使之与不同产状矿体赋存状况及分区间各采矿方法相适应、相匹配、相协调，以达到多分区多采矿方法的协同。

(3)分区间在空间上优化回采顺序，避免相互影响出现灾害事故。

产状复杂矿体在空间上产出可能会因开采顺序造成开采系统失衡，出现较为严重的灾害事故。为了避免可能的灾害事故，有必要对分区回采顺序进行优化，进而形成系统的高度有序开采。分区间的多采矿方法协同主要体现了协同的第二层含义中的：序参量之间的合作或联合作用。同时也体现了协同的第一层次含义：子系统之间的协调合作产生宏观的有序结构。

参考文献

[1] 杨世明. 地下矿山采矿方法设计思维[J]. 采矿技术, 2015, 15(2)：1-5, 40.

[2] 陈庆发. 金属矿床地下开采协同采矿方法[M]. 北京：科学出版社, 2018.

[3] 陈庆发, 陈青林, 吴贤图, 等. 采场台阶布置多分支溜井共贮矿段协同采矿方法. 中国：201510673789.1[P]. 2015-10-16.

[4] 陈庆发, 张亚南, 吴仲雄. 分段凿岩并段出矿分段矿房采矿法. 中国：201310331194.9[P]. 2013-08-01.

[5] 陈庆发, 李世轩, 胡华瑞, 等. 浅孔凿岩爆力-电耙协同运搬分段矿房法. 中国：201611103740.3[P]. 2016-12-05.

[6] 陈庆发, 刘俊广, 黎永杰, 等. 电耙-爆力协同运搬伪倾斜房柱式采矿法. 中国：201610577976.4[P]. 2016-07-21.

[7] 陈何, 黄丹, 杨超, 等. 一种缓倾斜薄矿体采矿方法. 中国：201511019114.1[P]. 2015-12-30.

[8] 邓红卫, 周科平, 李杰林, 等. 组合再造结构体中深孔落矿协同锚索支护嗣后充填采矿法. 中国：201310404154.2[P]. 2013-09-06.

[9] 郭治安. 协同学入门[M]. 四川：四川人民出版社, 1988.

第 6 章
产状复杂矿体分区协同开采衔接工程布设

6.1　衔接工程

工程是将自然科学原理应用到工农业和信息等生产部门而形成的总称[1]。

衔接工程是指将施工生产要素工序按照有效施工组织进行安排，使得各工序要素之间协调一致，从而达到工程的最优化[2]。

合理安排工程的比例关系和衔接配合，是工程建设客观规律和内在联系的要求。在实际生产过程中，工程技术人员总想将各工程之间有序衔接，在组织施工建设时着眼全局，统筹安排，综合平衡，做到在系统内密切配合、平衡发展、同步进行和整体推进，从而尽快形成生产能力和使用效益[3, 4]。

衔接工程具有以下优点：

①缩短施工工期；

②减轻管理人员负担；

③降低经济成本；

④降低工程事故率；

⑤劳动效率最大化。

采矿工程中，因矿体赋存变化常常需要设计相应衔接工程。产状复杂矿体实施分区协同开采，部分地段条件需要衔接工程。

6.2　产状复杂矿体分区协同开采衔接工程

在对产状复杂矿体进行分区后，为实现不同分区之间的人力、设备、矿石、风流等资源联动或为了满足分区内的生产作业、工艺流程的需要，根据实际情况设置相关井巷工程与硐室，以形成比较完善的开拓系统、运输系统、通风系统、联络道、消防通道等，这些井巷工程或硐室即是产状复杂矿体分区协同开采的衔接工程。

这些衔接工程有别于其他井巷工程，常常需要矿山的采矿技术人员根据实际矿体赋存特点进行临时设计。其设计与施工，往往更多地依赖采矿技术人员的现场经验和施工经验。

矿体产状受褶皱、断层、裂隙和火山构造等影响，其倾角、厚度和走向变化受褶皱和断层的影响更甚，也最具代表性；同时，褶皱和断层构造形式多种多样，相关衔接工程布置也不一样。本章以褶皱区和断层区衔接工程为例阐述相关布置设计。

6.3 褶皱区衔接工程布置设计

（1）褶皱造成矿体倾角变化

矿体受褶皱构造的影响，倾角沿倾向发生变化，给矿石运搬造成一定的影响，如图 6-1 所示。

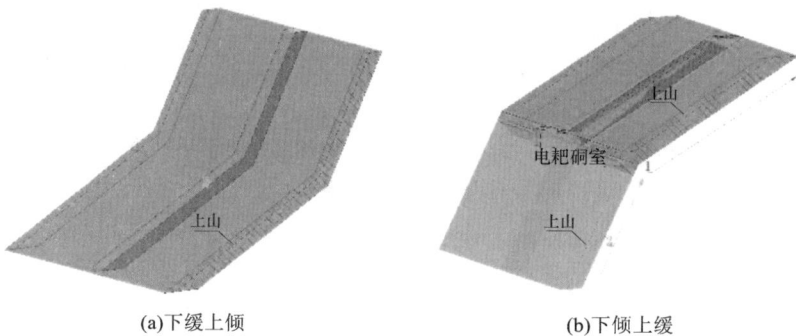

(a)下缓上倾   (b)下倾上缓

图 6-1 褶皱造成矿体倾角沿倾向变化的衔接工程布置示意图

矿石运搬方式应用较多的有重力运搬、机械运搬和爆力运搬。当矿体下部缓倾斜-上部倾斜或急倾斜时，下部矿体选用机械运搬出矿，上部矿体根据倾角可选重力运搬或爆力运搬出矿，采取自下而上回采方式；当矿体下部倾斜或急倾斜-上部缓倾斜时，在矿体倾角剧烈变化处进行分段，在缓倾斜矿段底部掘进电耙硐室并架设电耙，回采时先开采上分段缓倾斜矿段，后开采下部分倾斜、急倾斜矿段，分段处要保证电耙硐室周围矿岩的稳定性及缩小整体暴露面积。

（2）褶皱造成矿体上凸或下凹

矿体受褶皱的影响在局部区域形成上凸或下凹的现象，如图 6-2 所示。

为了避免造成矿体褶皱区域部分矿石浪费和废石混入，同时实现矿体褶皱区域上下两部分矿体开采过程中资源的流动，需要在矿体褶皱区域根据构造特点采取不同的措施。当矿体褶皱区域呈上凸特点，应先通过上山巷道沿矿体走向剔除

(a)矿体上凸　　　　　　　　　　(b)矿体下凹

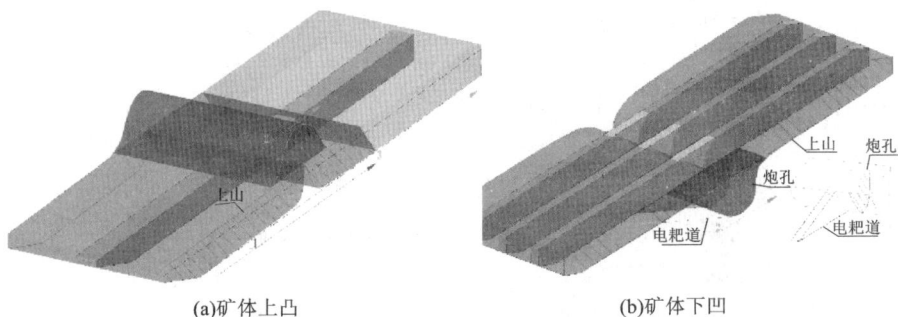

图 6-2　褶皱造成矿体上凸或下凹的衔接工程布置示意图

褶皱区域夹石，再从下部矿体回采至褶皱区域上部一段区域，为以后继续开采提供安全的工作空间；然后对上凸矿体进行挑顶落矿并施工锚杆支护，最后继续逆倾向回采上部矿体。当矿体褶皱区域呈下凹特点，回采时应先回采规整矿体，并对下凹矿体矿段顶板进行锚杆或锚网支护。规整矿体回采结束后，在下凹矿体处掘进电耙道，产生的废石放至采空区。在下凹矿段施工下向炮眼，先回采电耙道一侧矿体，崩落的矿石受爆力作用大部分集中到电耙巷，少部分矿石需人工清理，采空一侧矿体后架设简易挡墙进行另一侧矿体的回收。回采下凹矿段时要定期对顶板进行检查，必要时可在凿岩时加木撑进行临时支护。

（3）褶皱造成矿体沿垂直厚度方向错动

受褶皱构造影响，矿体在垂直厚度方向发生错动，如图 6-3 所示。

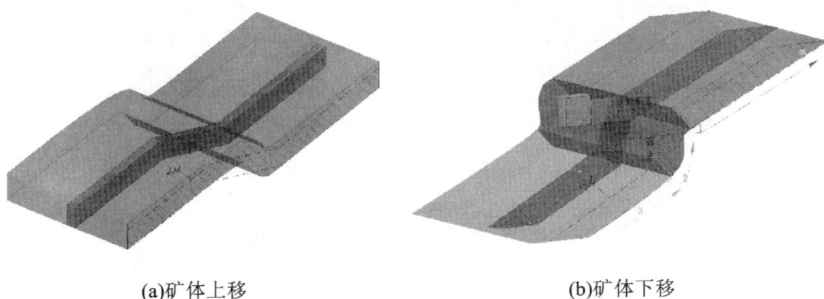

(a)矿体上移　　　　　　　　　　(b)矿体下移

图 6-3　褶皱造成矿体沿垂直厚度方向错动示意图

在开采该类褶皱构造特点的矿体时，褶皱区域上下部矿体的上山巷道也会跟随矿体错动布置，上山巷道在褶皱区域的衔接工程布置对整个矿块的开采显得尤为重要。当矿体顺倾向方向向上错动时，若上移距离不大，可自下而上全段回采，为保证电耙道的平稳过渡，在褶皱处需超采部分底板废石；若上移距离较大，则需在褶皱区域衔接巷道，根据下部矿体上移位置可将衔接巷道视作水平巷道、上山、溜井等巷道。当矿体顺倾向方向向下错动时，采用分段开采方式，在褶皱区域掘进溜井连通矿体上、下部的上山巷道，并在褶皱区域的上盘围岩中布置电耙硐室；矿体回采过程中，为了保证电耙硐室的稳定，先回采上部矿体，上部矿石经过上段电耙耙至溜井，再经下部电耙耙至矿房底部进行出矿；上部矿体采完后，将溜井作为切割井回采褶皱区域矿体，最后再回采下部矿体。

(4)褶皱形成的复杂构造

开采时要充分考虑构造对回采顺序的影响以及褶皱构造出开采工作面的作业环境安全条件。矿体受褶皱的影响产生上凸及下凹或伴随矿体整体移动的复合构造，如图6-4所示。

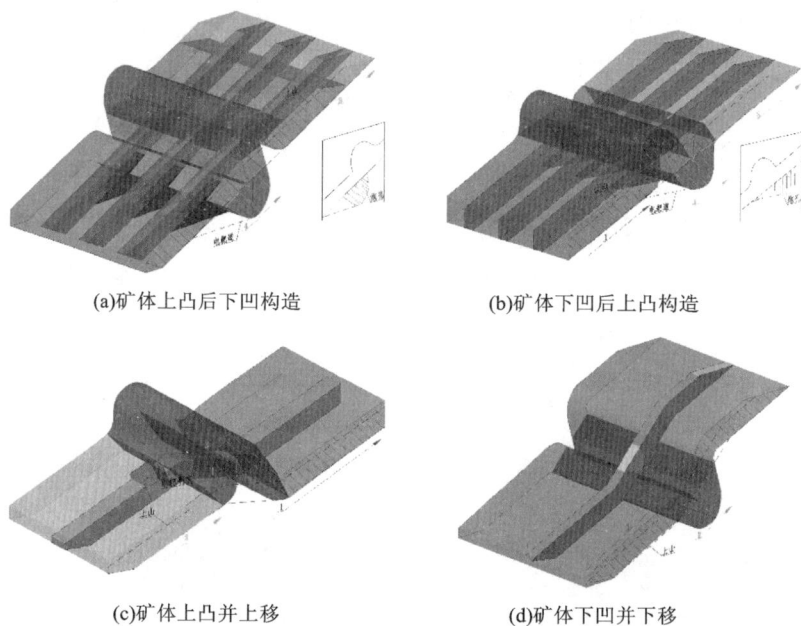

(a)矿体上凸后下凹构造　　　　　(b)矿体下凹后上凸构造

(c)矿体上凸并上移　　　　　(d)矿体下凹并下移

图6-4　褶皱形成的复合构造示意图

由图6-4(a)和图6-4(b)可知，矿体沿倾向呈上凸下凹的复合局部构造，先回采规整矿体及上凸的褶皱构造区域矿体，在褶皱处的顶板必须加强锚杆支护，为下一步回采下凹矿体提供安全作业环境；在矿体下凹处布置电耙道，对下凹矿体凿岩时需要定期检查顶板稳固性，且人员尽量不位于上凸构造矿体采空区下作业，产出废石应选出并放置空区。

图 6-4(c)、图 6-4(d)分别为矿体沿倾向上凸或下凹后伴随矿体错动的局部构造。当矿体上凸并上移时，采取后退式开采，控制采场暴露面积的同时，避免凸构造采空后对回采的影响，根据矿体上移情况布置衔接巷道连通矿体上下部的上山，对上凸区域进行挑顶落矿，并施工锚杆进行支护。当矿体下凹并下移时，位移不明显的话，可先回采规整矿段，在下凹矿体处施工锚杆支护，最后对下凹矿体进行回采；位移较为明显时，采用分段后退式开采方式，沿矿体倾向掘进上山，在矿体倾角剧烈变化处施工溜井连接上、下分段上山，在图示位置施工电耙硐室。开采时先回采褶皱上分段，保证电耙硐室在矿体回采过程中的稳定性，上部采下的矿石经上分段电耙靶至分段溜井，经下分段电耙靶至矿房底部溜井。上分段开采结束后，利用分段溜井作为切割井回采褶皱处矿体，最后回采下分段矿体。此开采顺序可控制回采过程中工作面的暴露面积，进而保证人员施工安全。

6.4　断层区衔接工程布置设计

矿体受断层扰动产生错动，如图 6-5 所示。

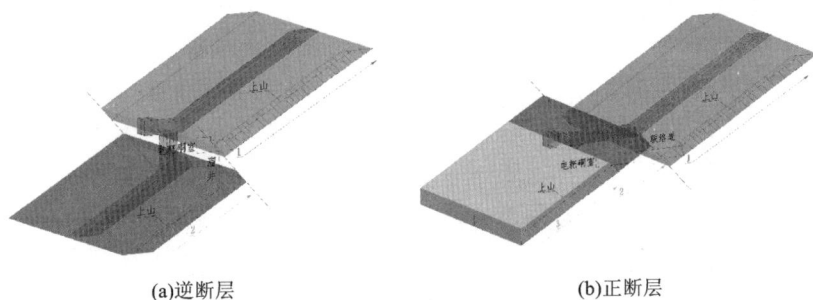

(a)逆断层　　　　　　　　　　　(b)正断层

图 6-5　矿体受断层影响产生错动示意图

考虑资源的充分回收和采空区暴露面积的控制，矿体开采时整体采用分段后退式开采方式，分段内自下而上回采。

对断层处的处理根据实际情况可采取两种方案：

(1)当矿体受逆断层影响时，在上部矿体布置电耙硐室，掘进短溜井连通下部矿体上山；

(2)当矿体受正断层影响时，在上部矿体底部布置联络道连通下部矿体，在联络道布置电耙硐室，掘进短溜井联通下部矿体上山，并在联络道下部矿体交会处上盘施工电耙硐室。上部矿体采下的矿石利用分段电耙经分段溜井或联络道进入下部矿体上山，通过下部矿体底部电耙靶运至溜井内。

参考文献

［1］刘巳. 搞好工程衔接缩短建井工期［J］. 煤炭经济研究, 1984, 4(2)：8-10.

［2］夏金宝. 城市地铁铺轨线上、线下工程衔接的重要性［J］. 现代企业, 2021, 40(7)：42-43.

［3］田琳. 公路改扩建工程中的新旧路基衔接问题［J］. 黑龙江交通科技, 2021, 44(6)：50, 52.

［4］曾芳. 市政工程给排水的衔接设计及施工技术要点分析［J］. 现代物业, 2019, 13(6)：173.

第 7 章
产状复杂矿体分区协同开采工程实践

7.1　大新锰矿矿区基本概况

7.1.1　矿区位置和交通

大新锰矿分公司(简称为大新锰矿)为南方锰业集团有限责任公司(原中信大锰矿业有限责任公司)直属矿山,是目前我国最大的锰资源在产矿山,位于广西壮族自治区大新县下雷镇境内。矿区位于大新县西部,距县城直线距离 50 km,行政区域划属大新县下雷镇。地理坐标为:东经 106°40′~106°46′,北纬 22°54′~22°56′。分布范围西自新兴屯,东到百所村,北临东村,南至布新、布及一线,面积 32 km²。矿区有公路通往大新、靖西、崇左等县城,矿区至大新县城 61 km,至靖西县城 58 km,至湘桂铁路崇左站 117 km,交通方便。

7.1.2　矿区自然地理与气候简况

矿区属低山丘陵地形,位于下雷镇西北面,下雷河(黑水河)西南面,向斜四周与中部为由碳酸盐形成的岩溶峰丛地貌,碎屑岩类出露区呈缓坡地貌,地形总趋势为西高东低,最高标高+821 m(岩关山),最低标高+240 m(下雷河),地形起伏较大,主干山脊呈近东西走向与构造线方向吻合,矿区中部的碳酸盐类岩层中,C_2d、C_1d 岩层组成岩溶峰丛地貌(标高+400~+800 m)及南北两翼东西向的深切沟谷(排泄矿区地表水及地下水,南翼沟谷标高+310~+350 m)。非碳酸盐类岩层中,C_1y、D_3w(含锰矿层)地层组成低山丘陵(标高+335~+718.8 m,高差一般为 50~100 m),矿区四周为碳酸盐类 D_2d 岩层,南部组成岩溶峰丛洼地,洼地呈串珠状(洼地标高由西向东为+460~+305 m)。

区内地表水系主要有下雷河和布康溪。下雷河自北西向东南流经矿区东缘,横切矿区各岩层,距开采矿区约 3 km,洪峰最大流量超过 59.3 m³/s,最小流量为 5.08 m³/s,流经矿区地段最低标高为 241.1 m,为当地最低侵蚀基准面,是矿区地下水、地表水总的排泄区。布康溪是下雷河的二级支流,发源于矿区西部,由

15 线以西三条分支小沟汇集后，沿向斜南翼沟谷流至 0 线以东 600 m 附近潜入 D_2d 地层，排泄矿区内降雨及地下水，丰水期流量 0.336 m^3/s，枯水期流量 0.0232 m^3/s。布康溪上游汇水面积约 4 km^2，常年流量 0.0405 m^3/s，最大洪水流量 3.472 m^3/s，最低标高为 +310 m，为矿区最低侵蚀基准面。布新小溪分布在 28 勘探线南端东岗岭灰岩洼地内，属季节性小溪，每年 5~11 月有水，洪峰流量可达 2~3 m^3/s。

矿区属高温多雨的亚热带气候，据矿区附近气象站多年观测的资料，多年平均气温为 21.30℃，年均降雨量为 1558.2 mm，最高为 1877.6 mm，4~8 月为雨季，暴雨主要集中在 5~7 月，实测最大暴雨量为 147.70 mm。累年年极端最低气温 −2.2℃，累年年极端最高气温 39.8℃，累年年平均最低气温 18℃，累年年平均最高气温 26℃。

7.1.3　矿床地质

(1)矿床地质构造特征

矿区位于东平−湖润−地州弧形凹陷褶皱带之前弧，即上映−下雷向斜的西南端，矿区为近东西向，向西端翘起的向斜构造，矿区内褶皱、断裂均很发育。

根据褶皱的规模及褶皱之间的相互关系，可将矿区内褶皱分为四级。Ⅰ级褶皱（Z_I）为整个矿区内的向斜构造，呈北东东−南西西的反 S 形展布，长 9000 m，宽 2~2.5 km，褶皱枢纽西南高，北东低，向北东东倾斜，倾角 6°~14°；Ⅱ级褶皱（Z_{II}）分布于Ⅰ级褶皱的西南部，由 7 个背向斜组成，呈雁行排列。各个褶皱延伸长度为 1700~3200 m，褶皱轴走向 225°~245°，倾向南南东，倾角 45°~70°；Ⅲ级褶皱（Z_{III}）分布于矿区西南部及南翼 3~8 线，呈帚状分支排列，均为歪斜—倒转或歪斜褶曲。褶皱长 600~1600 m，宽 13~620 m，褶曲高度背斜为 6~131 m，向斜为 13~163 m，轴面倾向 139°~171°，倾角 41°~86°；Ⅳ级褶皱（Z_{IV}）均分布于 26 线以西地段，呈帚状分支排列，为歪斜及倒转褶曲，轴面倾向 144°~172°，倾角 2°~88°。

矿区内断层甚多，对矿体形态多有不同程度的破坏作用，尤其是南部矿段的西段更为明显。根据断层的性质、产状及相互关系等，可将矿区内的断层分为五期 9 个组。各组各断层的断距不一，但对矿层有较大破坏作用，且规模较大的主要断层有 F_2、F_4、F_8、F_{13}、F_{27} 及 F_{30} 等 18 条断层。

(2)地层特征

上泥盆统五指山组（D_3w）为含锰地层，在其 4 个段中，五指山组第二段（D_3w^2）为含锰岩段，由三层碳酸锰矿和两个夹层组成，厚 15 m。

底部为Ⅰ矿层，是本区矿石质量最好的矿层，以棕红色为主，部分呈灰绿、铁黑色，还有浅灰色、深灰色、紫红色、肉红色等，矿石构造下部多为条带状、豆状、鲕状构造，上部多为块状构造，厚 0~3.23 m。本层风化后成为氧化锰矿，呈黑色、钢灰色。

下部为夹一，为硅质灰岩及少量桂质岩夹钙质泥岩。岩层呈浅灰至深灰色，薄层微层状构造，厚 0.09~29.17 m，南翼厚为 0.6~2.92 m。本层风化后为硅质岩夹泥岩。

中部为 II 矿层：为碳酸锰矿层，以棕红、绿色为主，部分呈灰、深灰、肉红、墨绿及铁黑色，微粒结构。矿石构造下部以豆状构造为主；中部以致密块状，薄层状~条带状构造为主；上部以鲕状构造及条带状构造为主。厚 0~5.05 m，平均 2.38 m。本层风化后为氧化锰矿。

上部为夹二：为锰质泥灰岩或锰质泥岩，呈灰、灰绿夹灰白色。块状、薄层状构造。厚 0~1.28 m，风化后为薄层状含锰泥岩。

顶部为 III 矿层：为碳酸锰矿，呈深灰至灰色，部分为暗灰绿色和浅肉红色，微细粒结构。

7.1.4　矿区水文地质与工程地质

(1)水文地质

矿区位于布康溪上游，是以北西面、西面及南东面以泥盆系上统榴江组 (D_3l) 为隔水边界，以岩关阶 (C_1y) 灰岩裂隙溶洞含水层、泥盆系上统五指山组第一至第三段 (D_3w^{1-3}) 硅质岩裂隙水含水层为主要含水层的向斜构造水文地质单元。

①含、隔水层。

矿区含水层有第四系孔隙含水层 (Q)，中石炭统黄龙组至下石炭统大塘阶裂隙溶洞含水层 $(C_2h~C_1d)$，下石炭统岩关阶下段溶洞裂隙含水层 (C_1y^1)，矿层裂隙潜水—承压水含水层 $(D_3w^1$ 上部 $~D_3w^3)$，底板风化带裂隙含水层 $(D_3w^1$ 下部$)$，中泥盆统东岗岭阶裂隙溶洞含水层 (D_2d)。

矿区内隔水层有下石炭统岩关阶上段隔水层 (C_1y^2)、矿层顶板隔水层 (D_3w^4) 以及矿层底板隔水层 (D_3L)。

②地下水的补给径流与排泄条件。

矿区内 C_1y^2、D_3w^4 及 D_3L 三个隔水层将矿区分成 $C_2h~C_1d$、C_1y^1、D_3w^1 上部 $~D_3w^3$ 和 D_2d 四个独立补给、径流、排泄条件的水文地质系统。

$C_2h~C_1d$ 裂隙溶洞含水层：大气降雨补给，水位标高为 322.26~392.4 m，自西向东经流，排泄于下雷河，局部因 C_1y^2 隔水层作用，以泉的形式向相邻沟谷排泄，对矿床无充水影响。

C_1y^1 溶洞裂隙含水层：大气降水和地表水补给，地下水位西高东低，北高南低，自西向东经流，排泄于下雷河、局部补给布康溪，为矿层间接充水含水层。

矿层含水层和底板风化带含水层（$D_3w^3 \sim D_3w^1$）：两含水层是相互密切联系的含水体，均为大气降水补给，西部及两翼露头带的潜水区为补给区，地下水自西向东径流，补给下雷河，该含水层是矿床直接充水含水层。

D_2d 裂隙溶洞含水层：大气降水补给，补给源丰富，主要以地下暗河的形式集中经流，排泄于矿区南面，水位标高 446～240 m，由西向东径流，地下河出口流量为 368 L/s 以上；矿区北面，水位标高 406～285 m，地下水由南西向北东方向径流，地下河出口流量为 468～286 L/s，均排泄于下雷河。该层为矿层底板间接充水含水层。

③矿床主要充水因素。

矿山坑道系统的直接充水因素为：矿层含水层（$D3w^1$ 上部～$D3w^3$）；矿层底板风化带含水层（D_3w^1 下部～D_3L）。

间接充水因素：下石炭统岩关阶下段（C_1y^1），只有当矿层采空放顶，顶板 D_3w^4 隔水层坍塌后，其影响的范围达到含水层时，才发生对矿坑充水；中泥盆统东岗岭阶裂隙溶洞含水层（D_2d），只有在矿区南翼陡倾斜矿体，采空放顶，底板隔水层坍塌后，才会对矿坑充水。

④矿坑涌水量的测量。

根据矿区地质勘查报告，钻孔抽水试验资料，用稳定流试验方法求得含水层参数，并按设计部门的要求，预算了三个采区（0～8线、8～24线、24～34线）、三个水平标高（330 m、270 m 及 150 m）矿坑总涌水量的极值为 947.21 m^3/d 和 22761.16 m^3/d。

矿区东部地下开采为 5～7 线措施斜井，开采深度至 +260 m 标高，在 2009 年 2—9 月共有 11 次抽水记载，日抽水量在 4.8～85 m^3/h。中部为 60 万吨胶带斜井地下开拓工程，水仓标高 308.6 m、斜长 150 m，开拓深度至 +289.3 m 标高，在 2009 年 4～9 月共有 8 次抽水记载，巷道日抽出水量在 32.3～102.3 m^3/h，其中同时有 6 次由开拓斜井抽水至水仓，在 +289.3 m 处抽水至水仓为最大抽水量为 41.5 m^3/h。矿山生产及开拓工程的抽水量远低于地质勘查报告提供矿坑总涌水量的极值。

矿区内坑内涌水以裂隙充水为主，顶板直接进水，水文地质条件属简单类型；30 线以东缓倾斜矿体部分以溶洞充水为主，顶板间接进水，水文地质条件为中等类型；陡倾斜矿体中：30～13a 线属以暗河充水为主，底板间接进水，水文地质条件属复杂类型；13a～10 线属以裂隙充水为主，底板直接进水，水文地质条件属简单类型；10 线以东以溶洞充水为主，底板直接进水，水文地质条件属中等类型。

（2）工程地质

根据地层岩性、岩土体的工程特征、岩石物理力学指标和 RQD 值，将矿区岩土体分为三类：第四系松散状岩岩组、层状结构碎屑岩岩组和弱岩溶化碳酸盐岩岩组。

第四系松散状岩组包括了冲洪积松散状土体、残坡积松散状土体和堆积松散状土体，其中冲洪积松散状土体厚度为 0.50~15.00 m，局部可达 20.00 m，分布的地带窄小，不连续，均匀性和稳定性差；残坡积松散状土体层一般厚为 0.50~4.00 m，局部可达 9.00 m 左右，最大厚度为 20.4 m，规模小，分布不连续，稳定性差；堆积松散状土体分布在 1#、2#、3#、4# 等四个废石场，其中 2# 和 4# 废石场已不再排放，堆填厚度一般为 30~40 m，最大填土厚度为 93.02 m，成分为露采或地采的废石渣、残坡积碎石或黏性土，颗粒较粗，堆填厚度大，属新近堆积，结构松散，稳定性差。

层状结构碎屑岩岩组受风化作用的影响，具有垂直分带和顺层风化的特点，根据岩石风化程度分为强风化带和弱风化带，裂隙较发育。经岩石力学试验样测定，硅质岩的饱和单轴抗压强度试验范围为 33.7~120.6 MPa，饱和抗剪强度的内聚力试验范围为 3.1~10.2 MPa、内摩擦角为 38.4°~44.2°，属较软岩~次硬岩。泥岩饱和轴向抗压强度试验范围为 37.2~81.3 MPa，饱和抗剪强度的内聚力试验范围为 1.8~11.2 MPa、内摩擦角为 35.1°~44.1°，属较软岩~次硬岩。薄层状的泥岩和硅质泥岩为软弱夹层，在坑道施工时都易发生片帮坍塌、冒顶现象，需要支护，人工边坡易发生崩塌、滑坡，该岩组对今后矿山开采影响较大。

弱岩溶化碳酸盐岩岩组整体以灰岩为主，其次为白云岩、硅质泥岩，灰岩和硅质泥岩呈夹层状或呈互层状，白云岩为薄—中厚层状，灰岩为中—厚层状。灰岩饱和轴向抗压强度经验值为 56.0~155.0 MPa，岩石稳固性好，属于硬岩—次硬岩。该组岩层的稳定性对今后矿山开采影响小。

矿区锰矿石为碳酸锰矿，碳酸锰矿风化后为氧化锰矿。碳酸锰矿饱和单轴抗压强度的范围值一般为 21.9~105.4 MPa，饱和凝聚力的范围值一般为 1.8~8.5 MPa，内摩擦角为 36.3°~41.4°，属次硬岩，稳定性较好，力学强度中等，岩石质量等级中等；氧化锰矿的饱和单轴抗压强度范围值为 28.8~43.5 MPa，饱和凝聚力为 2.0~3.7 MPa；内摩擦角为 36.8°~37.6°，属稳固性差~较差的软弱岩石，力学强度较低，稳固性差。

碳酸锰矿直接顶板围岩岩性主要为硅质岩、钙质泥岩、硅质灰岩夹硅质泥岩、泥灰岩、局部为含锰泥岩；直接底板围岩岩性主要为硅质泥灰岩、硅质泥岩夹生物碎屑灰岩及硅岩质岩。硅质岩属稳固性较差—较好的岩石，硅质岩岩石力学强度中等，岩石质量等级中等。泥岩属稳固性差—较好，属较软—次硬岩石，力学强度较低，其稳固性差。局部地段因断裂、次级小褶皱发育，岩石相对较破碎，其稳固性变低。氧化锰矿分布在浅部矿层，其特征为锰矿条带或锰质条带与薄层泥岩互层，锰矿条带、锰质条带或透镜体的单层厚度 0.0~5.05 m，其直接顶、底板为含锰泥岩。充填胶结物为泥质、硅质、铁质等，部分裂隙胶结不牢，呈部分充填、半充填状态，部分裂隙呈张开状，岩石呈碎裂状或呈泥状或呈砂状，易破碎，属软岩—较软岩，岩石稳定性较差。

第一夹层为硅质灰岩及少量硅质岩夹钙质泥岩，薄层微层状构造，厚 0.09~29.17 m，南翼厚为 0.6~2.92 m，本层风化后为硅质岩夹泥岩；第二夹层为锰质泥灰岩或锰质泥岩，块状或薄层状构造，厚 0~1.28 m，风化后为薄层状含锰泥岩。薄层微层状构造的钙质泥岩或锰质泥岩属稳固性差—较差的软弱—较软岩石，力学强度较低，稳固性差。

在有地下水活动的地带开采时，由于地下水因素作用下，更易加速导致软弱面、软弱岩及软弱层(如薄层微层泥岩或含锰泥岩)的失稳，易产生崩塌、冒顶等工程地质问题；矿段浅部岩石因风化强烈裂隙发育，呈碎裂状，属稳定性差的软岩石，在矿山地下开采过程中，岩体完整性再次遭到破坏，地表水或地下水沿裂隙下渗，使坑道易产生片帮、冒顶现象，边坡易形成崩塌、滑坡；矿体及其围岩发育有较软岩石或软弱夹层，矿山开采时可能会引起露采边坡失稳，地下开采可能产生片帮、冒顶等工程地质问题。

总之，矿区褶皱、断裂及裂隙发育，岩石较破碎，胶结不牢，稳定性较差，矿山工程地质条件属中等复杂类型。

7.1.5　矿体赋存条件

(1)矿体规模、形态、产状

大新锰矿为一超大型锰矿床，包括南部、中部、北部三个矿段，由原生沉积碳酸锰矿及次生氧化锰矿组成，有Ⅰ、Ⅱ、Ⅲ三个锰矿层，整个矿床为近东西走向，向西昂起的向斜构造，锰矿层围绕昂起端及南北两翼分布，东西长 9 km，南北宽 2~2.5 km。

各矿层的厚度变化特征为：

Ⅰ矿层：厚 0.5~3.23 m，南部平均 1.77 m，中、北部平均为 1.34 m。南部矿段 4~34 线矿层厚度较大，自这一带向西、向北或向东，矿层厚度均逐渐变薄。

Ⅱ矿层：厚 0.6~4.96 m，南部平均 2.49 m。中、北部平均为 1.46 m。4~24 线南翼浅部矿层厚度均大于 2.5 m。

Ⅲ矿层：厚 0.5~3.13 m，南部平均 1.77 m。

区内各锰矿层产状均与围岩相一致，随围岩褶皱而褶皱，北翼矿层产状比较平缓，倾角一般约 25°，南翼矿层产状陡立或倒转，倾角一般在 70° 以上。

区内氧化带发育较好，其氧化深度与矿层出露的地形地貌部位、矿层所在山坡的坡向、矿层产状的相互关系和地下水水位高低等因素有关。各勘探线剖面矿层氧化界线均根据控矿工程直接或间接圈定，据主线剖面统计，矿层一般氧化垂深为 +10~+165 m，平均 78 m，氧化垂深最大为 31 线 165 m，最小为 7 线 10 m。

（2）矿石特征

Ⅰ矿层和Ⅱ矿层主要为棕红色、灰绿色，次为浅灰色、深灰色、紫红色等；Ⅲ矿层颜色比较单调，上部为深灰色，下部以灰色为主。

原生碳酸锰矿石的结构以微粒结构为主，构造以块状、豆状、鲕状、条带状、微层状和斑点状构造为主；而氧化锰矿石的矿石结构则以显微隐晶结构、微粒-细粒结构、泥质结构为主，矿石构造则多为胶状、凝块状、土状、空洞状、网格状、粉末状、叶片状、葡萄状及肾状构造。

碳酸锰矿石：本区碳酸锰矿石的矿物成分复杂、种类繁多。矿石矿物主要为菱锰矿（13%~32%）、钙菱锰矿（23%~48%）和锰方解石（6%~19%）；次为蔷薇辉石（0%~7%）、锰帘石（0%~1.25%）、锰铁叶蛇纹石（0%~5%），红帘石（0%~0.45%）等。

氧化锰矿石：主要含锰矿物为软锰矿、硬锰矿、隐钾锰矿、恩苏塔矿、拉锰矿和偏锰酸矿。

锰含量Ⅰ矿层为 17%、Ⅱ矿层 13%、Ⅲ矿层 12%；铁含量Ⅰ矿层为 18%、Ⅱ矿层 13%、Ⅲ矿层 16%；磷含量Ⅰ矿层为 18%、Ⅱ矿层 16%、Ⅲ矿层为 19%。各矿层相比以Ⅰ矿层矿石质量最好，Ⅱ矿层次之，Ⅲ矿层质量最差。

本矿区氧化锰矿石划分为富锰矿石和贫锰矿石两个工业类型。其中富锰矿石又可分为Ⅱ、Ⅲ、Ⅳ三个品级，其代号分别为 N_2、N_3、N_4；贫锰矿石按含磷高低又可分为两个品级，其代号为 NF_1 及 NF_2。

本区碳酸锰矿石按含锰品位的高低及杂质含量指标，可分为富锰矿石、贫锰矿石及暂定表内锰矿石三个类型。其中富锰矿石为 M_1；贫锰矿石可分为两个品级，其代号为 M_2 与 M_3，暂定表内代号为 Z。

顶板：矿层直接顶板为 0.05~0.092 m 厚的微粒石英硅质岩，往上为厚 0.5~0.7 m 的灰黑色含碳含锰及黄铁矿的泥灰岩。局部为灰色钙质泥岩，硅质灰岩。

夹二：灰绿、灰白、深灰、棕红色含锰泥岩。该层在南部矿段多数由于厚度薄不能剔除或含锰>12% 而并入Ⅲ矿层计算资源储量。

夹一：为浅灰色微粒薄层状硅质灰岩夹灰色微层状泥岩。其顶、底常有一层 0.1 m 厚的石英硅质岩。

底板：直接底板为灰白色石英硅质岩，厚 0.05~0.3 m，往下为灰—深灰色、偶见灰绿色泥质灰岩夹泥灰岩、钙质泥岩、灰岩等。

矿石内部夹石为石英质硅质岩，呈薄层-透镜状与矿层平行产出，一般每层矿均夹有 0~3 层夹层，单层夹石厚一般为 5~10 cm。

7.1.6 矿物成分与组成特征

矿区属沉积碳酸锰矿床,近地表为氧化锰矿。锰矿层共有三层,自下而上为Ⅰ矿层、夹一、Ⅱ矿层、夹二、Ⅲ矿层,其产状与围岩一致,呈层状产出。

碳酸锰矿石Ⅰ矿层颜色有灰绿色、灰色、浅肉红色、深灰色、棕红色、灰黑色,偶见墨绿色、灰黑色、紫红色;Ⅱ-Ⅲ矿层颜色有灰黑色、肉红色、棕红色为主,灰绿色、深灰色、灰色为次,偶见墨绿色、灰白色。氧化锰矿石Ⅰ矿层颜色有黑色、钢灰色、褐黑色、灰黑色、土黄色,Ⅱ-Ⅲ矿层颜色有黑色、褐黑色、灰黑色、钢灰色、灰色、土黄色。

碳酸锰矿石的矿物成分复杂种类多,矿石矿物中主要矿物有三种,即菱锰矿、钙菱锰矿、锰方解石,其次是蔷薇辉石、锰帘石、锰铁叶蛇纹石,红帘石;脉石矿物主要是石英、绿泥石、黑云母。主要含锰矿物有软锰矿、硬锰矿、隐钾锰矿、拉锰矿和水羟锰矿,脉石矿物以石英、玉髓、高岭土及水云母为主。

钙菱锰矿主要呈浅褐黄、粉红色和灰色,形似粒状,少量似柱状,粒度0.001~0.1 mm。菱锰矿产于豆鲕粒中,大多重结晶,粒度比基质中锰矿物大几倍。据单矿物多项分析资料,本矿区菱锰矿一般都含CaO、TFe、MgO,其中以Ca^+为最主要的类质同象阳离子。

锰方解石呈粉红色、白色,形似粒状或显微粒状,粒度0.003~0.5 mm,分布于菱锰矿间或成团块、条带、细脉及少量豆,呈鲕状产出。

蔷薇辉石呈肉红色和蔷薇色,形似柱状、板柱状或粒状,一般粒度0.02~0.05 mm,个别为5 mm以上,呈朱带状、豆(鲕)状或细脉状分布于Ⅰ、Ⅱ矿层中,有的蔷薇辉石与锰铁叶蛇纹石、石英、赤铁矿、绿帘石组成细脉。锰铁叶蛇纹石呈墨绿色、橄榄绿色或黄绿色、形似叶片状或鳞片状。在条带及基质中均有分布,也有呈星细脉状并与锰硅酸盐混杂产出。主要分布于Ⅰ、Ⅱ矿层中。并常出现在Ⅱ矿层上、下段及Ⅰ矿层下段。

石英和玉髓多为半自形。石英形似细粒集合体,与钙菱锰矿相互嵌生,石英粒度一般为0.001~0.005 mm;玉髓多形似小于0.01 mm的微粒集合体,呈斑点状、透镜状或显微条带状,嵌生在菱锰矿及其他矿物中,有的菱锰矿呈球粒状嵌布在石英或玉髓中。

方解石形似粒状、叶片状,常与石英、菱锰矿、阳起石和云母等构成宽为0.01~0.476 mm之细脉。

7.2　西北地采区段产状复杂矿段开采工程背景

西北地采区段主要包含西北 380 斜井及西北 385 平硐两个洞口，位于大新锰矿 29～35 号勘探线。西北采区区段出露地层主要为上泥盆统的五指山组，按其岩性不同分为五段，五段中的第 2 段(D_3w^2)为含锰岩段，该段由三层锰矿和二层夹石组成，揭露矿体的矿石主要矿物为菱锰矿或钙菱锰矿，其结构以微粒为主，常呈鲕状、豆状构造。矿层整体形态受向斜构造影响呈倒伏的 U 字形状(见图 7-2)，矿层产状与围岩大致一致，褶皱向斜北翼平缓，南翼陡立，矿区南部矿段褶皱构造较为强烈。

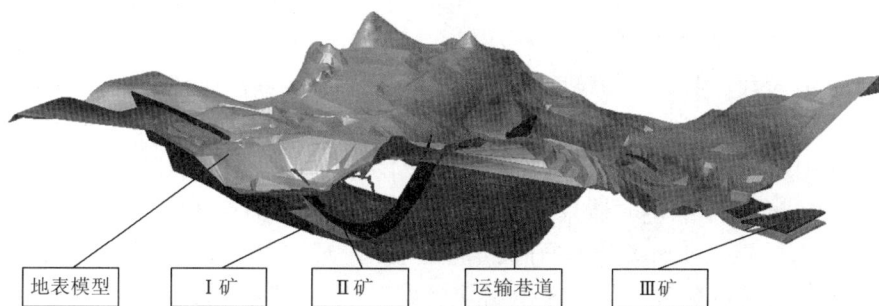

(a)正视图

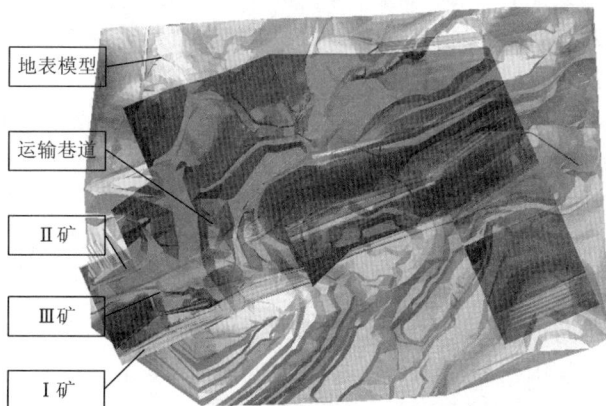

(b)俯视图

图 7-2　西北地采区域产状复杂矿段三维模型

三层锰矿和二层夹石，自下而上为Ⅰ矿层、夹一、Ⅱ矿层、夹二、Ⅲ矿层，呈层状产出且，围绕昂起端及南北两翼，东西长9 km，南北宽2~2.5 km。各矿层平均厚度为：Ⅰ矿层1.77 m、Ⅱ矿层2.49 m、Ⅲ矿层1.77 m、夹一厚2~10 m、夹二厚0.5~1.0 m。北翼矿层产状比较平缓，倾角为25°~35°；南翼矿层产状陡立或倒转，倾角一般在70°以上；西端弯部是南翼矿体至北翼矿体的过渡区域，具有多级复杂的复式褶皱，倾角由几度至60°~80°，甚至陡立。矿岩松散系数均为1.5，自然安息角为55°，矿石密度为3.13 t/m³，岩石密度为2.7 t/m³，f为系数：碳酸锰矿床为8~15、未风化岩石为10、风化岩石为6。

产状复杂矿段共分为南段、北段和西端弯部三部分，划分为+460 m、+420 m、+380 m和+340 m四个阶段，+460 m和+420 m阶段矿体采用露采的方式开采完毕，+380 m阶段矿体北翼和西端弯部已开采完毕，南翼矿段存在部分矿块待开采，阶段运输巷道沿脉布置在矿体下盘，回采的矿石通过+385 m平硐运出。+340 m阶段试采。

+380 m阶段，Ⅰ矿平均厚度约1.2 m，在靠近32a线附近反转，南巷剩余有8个矿块共约矿石89706.35 t，产状为346°/67°~37°，灰白色夹褐色，方解石侵入品位约16.02%；北巷有10个矿块约矿石154241.97 t，产状150°/20°，灰白色为主，局部墨绿色，墨绿色矿体品位21.54%，灰白色品位14.74%；夹一厚约8 m，灰白色泥灰岩夹条带分解石脉，薄层，品位1.87%；③Ⅱ-Ⅲ矿平均厚度约2.0 m在31线附近反转，南巷8个矿块共约矿石141944.55 t，产状340°/67°~37°；北巷有10个，矿块共约矿石233299.43 t，产状150°/20°夹二不可区分，Ⅱ矿灰白夹褐色豆状厚约1.5 m；Ⅲ矿厚约0.5 m，灰黑色至密状，Ⅱ-Ⅲ矿品位16.25%。其顶板为五指山组第三段（D_3W^3），为硅质灰岩夹硅质岩，局部夹锰灰岩，上部夹0~0.2 m厚的碳酸锰层。

+340 m阶段，Ⅰ矿厚约1.2~1.8 m，夹一厚为15~20 m，为浅灰色微粒中厚层状硅质灰岩；揭露的Ⅱ矿厚1.2~1.7 m，全锰矿石品位约23.09%，以棕红、墨绿、灰白色为主，顶部铁黑，隐晶质结构，鲕状、豆状构造，层理不发育；Ⅲ矿厚0.5~0.8 m，全锰矿石品位约13.24%，以灰黑色为主，隐晶质结构，矿石较致密，完整性好，层理不发育。该片区夹二较薄，局部尖灭。矿层顶板主要为灰黑色硅质岩，薄层状，层理发育，含少量黄铁矿。

区域内原设计采用房柱法开采，由于矿体产状复杂，褶皱反复频繁。客观上，房柱法仅适合开采产状稳定单一的缓倾斜矿体，一旦遇到开采技术条件发生变化时（如倾角变化、厚度变化等），就会出现原设计施工的采场无法继续回采、另行补充采切工程增加施工难度和采矿成本、有时无法补充采切工程被迫丢弃不采浪费资源或者采取措施不及时威胁生产安全等问题，矿山原设计采用的房柱法显然无法满足产状复杂矿段整体有效开采的需求。

7.3　产状复杂矿段分区技术

本章以+340 m 阶段的资源回采工程作为工程实践对象,阐述产状复杂矿体分区协同开采技术的实施过程。

+340 m 阶段的三矿层三维数字化模型示意图如图 7-3 所示。

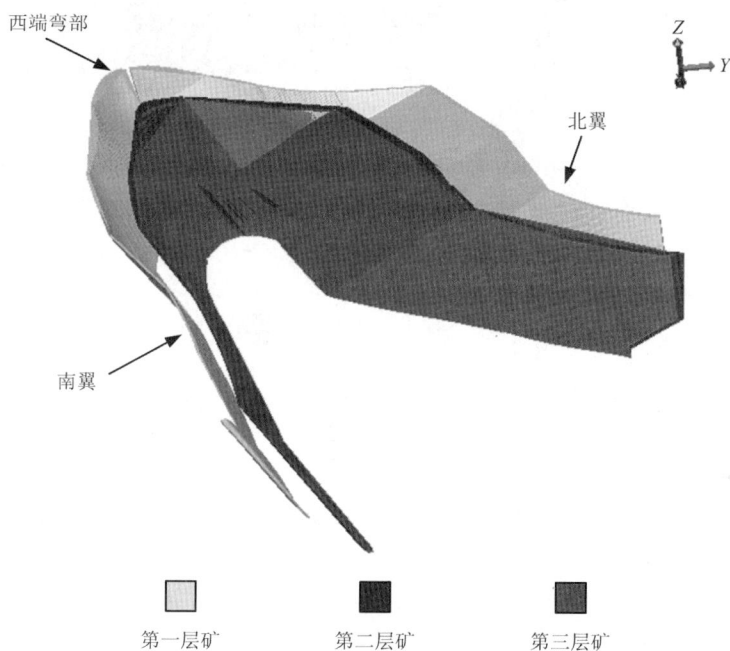

图 7-3　+340 m 阶段三矿层三维数字化模型示意图

为叙述方便,由于第二层夹石很薄,Ⅱ矿层和Ⅲ矿层采用合采方式,简称为Ⅱ-Ⅲ矿;第一层矿简称为Ⅰ矿。工程中,先采Ⅱ-Ⅲ矿,后采Ⅰ矿。

合并后的+340 m 阶段Ⅰ矿和Ⅱ-Ⅲ矿三维数字化模型如图 7-4 所示。

由图 7-4 知,矿体走向和倾角均发生了显著变化,对开拓工程布置和采矿方法选择具有重要影响。在褶皱构造的影响下,矿体走向在西端弯部发生显著变化,使得矿体沿走向呈现"U"形;其倾角变化具体为:Ⅰ矿沿矿体走向从南翼至北翼依次为急倾斜—倾斜—缓倾斜—倾斜变化,Ⅱ-Ⅲ矿沿矿体走向从南翼至北翼依次为急倾斜—缓倾斜—倾斜变化。

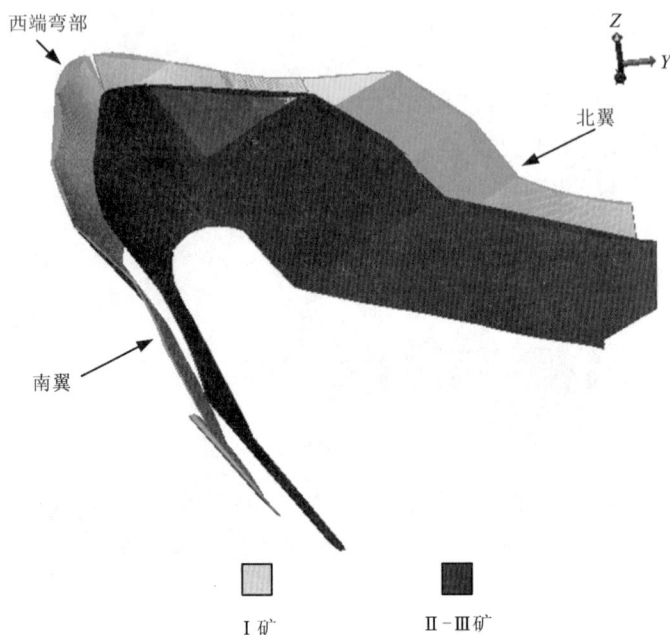

图 7-4　+340 m 阶段 I 矿和 II-III 矿三维数字化模型示意图

　　查阅相关地质资料，了解到西北地采区域产状复杂矿段范围内产状三个要素均发生变化，给分区依据的选择带来了一定困难。通过从产状复杂矿体提取厚度、倾角、走向三个影响复杂性因素分别各 6 组数据，由该 6 组数据构成的统计表如表 7-1 所示。

表 7-1　影响因素统计表

编号	厚度/m	倾角	走向
1	2.512	60°41′22″	255°23′47″
2	2.333	64°41′22″	250°27′03″
3	2.922	44°55′52″	270°24′25″
4	2.717	15°10′45″	257°06′55″
5	2.400	26°03′12″	30°4′11″
6	2.412	25°24′18″	33°5′8″

由统计表可确定特征值矩阵为：

$$X = \begin{bmatrix} 2.512 & 2.333 & 2.922 & 2.717 & 2.400 \\ 60.689 & 64.689 & 44.931 & 15.179 & 26.053 \\ 255.396 & 250.451 & 270.115 & 257.115 & 30.070 \end{bmatrix}$$

将特征矩阵规格化得到规格化矩阵为：

$$X' = \begin{bmatrix} 0.860 & 0.789 & 1.000 & 0.930 & 0.821 \\ 0.938 & 1.000 & 0.695 & 0.235 & 0.403 \\ 0.946 & 0.927 & 1.000 & 0.952 & 0.111 \end{bmatrix}$$

按最大最小法公式计算对应相似矩阵为：

$$r_{ij} = \begin{bmatrix} 1.000 & 0.946 & 0.851 & 0.724 & 0.487 \\ 0.946 & 1.000 & 0.804 & 0.677 & 0.474 \\ 0.851 & 0.804 & 1.000 & 0.786 & 0.495 \\ 0.724 & 0.677 & 0.786 & 1.000 & 0.511 \\ 0.487 & 0.474 & 0.495 & 0.511 & 1.000 \\ 0.485 & 0.470 & 0.494 & 0.516 & 0.988 \end{bmatrix}$$

将相似矩阵用等价闭包法计算出全部影响因素存在时的模糊等价矩阵为：

$$T = \begin{bmatrix} 1.000 & 0.946 & 0.851 & 0.851 & 0.851 \\ 0.946 & 1.000 & 0.851 & 0.851 & 0.851 \\ 0.851 & 0.851 & 1.000 & 0.786 & 0.786 \\ 0.851 & 0.851 & 0.786 & 1.000 & 0.988 \\ 0.851 & 0.851 & 0.786 & 0.988 & 1.000 \\ 0.851 & 0.851 & 0.786 & 0.786 & 0.988 \end{bmatrix}$$

在模糊等价矩阵已知的基础上确定合理的阈值范围，并列出不同阈值水平的分类情况：

(1) $0.65 < \alpha \leqslant 0.70$ 时，全部因素样本分为1类；$\{1, 2, 3, 4, 5, 6\}$；

(2) $0.70 < \alpha \leqslant 0.75$ 时，全部因素样本分为2类；$\{1, 2\}$，$\{3, 4, 5, 6\}$；

(3) $0.75 < \alpha \leqslant 0.80$ 时，全部因素样本分为4类；$\{1, 2\}$，$\{3, 4\}$，$\{5\}$，$\{6\}$；

(4) $0.80 < \alpha \leqslant 0.85$ 时，全部因素样本分为5类；$\{1\}$，$\{2\}$，$\{3, 4\}$，$\{5\}$，$\{6\}$；

(5) $0.85 < \alpha \leqslant 1.0$ 时，全部因素样本分为6类；$\{1\}$，$\{2\}$，$\{3\}$，$\{4\}$，$\{5\}$，$\{6\}$。

根据相同的方法，可以计算当删除影响因素厚度时在相同阈值范围水平的分类情况：

(1) $0.65 < \alpha \leqslant 0.70$ 时，全部因素样本分为1类；$\{1, 2, 3, 4, 5, 6\}$；

(2) $0.70 < \alpha \leqslant 0.75$ 时，全部因素样本分为2类；$\{1, 2\}$，$\{3, 4, 5, 6\}$；

(3)0.75<α≤0.80 时，全部因素样本分为 3 类；{1，2}，{3，4，5}，{6}；

(4)0.80<α≤0.85 时，全部因素样本分为 5 类；{1}，{2}，{3，4}，{5}，{6}；

(5)0.85<α≤1.0 时，全部因素样本分为 6 类；{1}，{2}，{3}，{4}，{5}，{6}。

利用已知公式可计算出影响因素厚度的重要性为$\frac{2}{30}$。

同理，可得到影响因素倾角和影响因素走向的重要性分别为$\frac{12}{30}$和$\frac{9}{30}$，三者相比较可知案例中倾角和走向的重要性最大，即倾角和走向对矿体的复杂程度影响是最明显的，在矿体分区时可参考的主要因素为倾角和走向。

根据计算结果，选取倾角和走向作为大新锰矿产状复杂矿体分区的主要依据，将矿体分为一区、二区和三区，如图 7-5 所示。其中，一区为 55°以上的急倾斜矿体，分布在矿体南翼；二区为 30°以下的缓倾斜矿体，分布在矿体西端弯部；三区为 30°~55°的倾斜矿体，主要分布在矿体北翼。

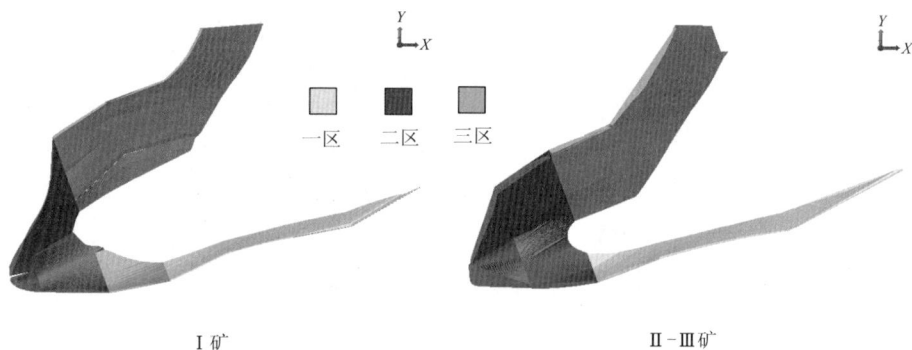

图 7-5   +340 m 阶段 I 矿和 II-III 矿分区示意图

分区后，整个工程地质条件复杂矿体被分解为若干个工程地质条件相对单一的小矿段，明确了采矿工艺的选择条件，只要考虑各分区内的开采和各分区间的协作搭配，指引整个产状复杂矿体开采在整体上取得最优协同效应。

7.4　产状复杂矿段矿石地下运输功的计算

　　+340 m 阶段资源回收采用斜井提升方式，斜井井口布置在矿体南翼标高 +380 m 处，+380 m 阶段运输平巷作为 +340 m 阶段矿体回采的回风巷道。由于矿段赋存条件，若矿体北翼的矿石经过西端弯部运至矿体南翼再经过斜井提升，则矿体北翼的矿石运输功会大大提高，且西端弯部受褶皱构造影响极易给矿石运输带来安全隐患。因此，矿山原设计布置一条阶段运输横巷连通矿体南翼和北翼的阶段运输巷道，主要负责运输北翼的矿石。+340 m 和 +380 m 阶段的运输平巷布置如图 7-6 所示。

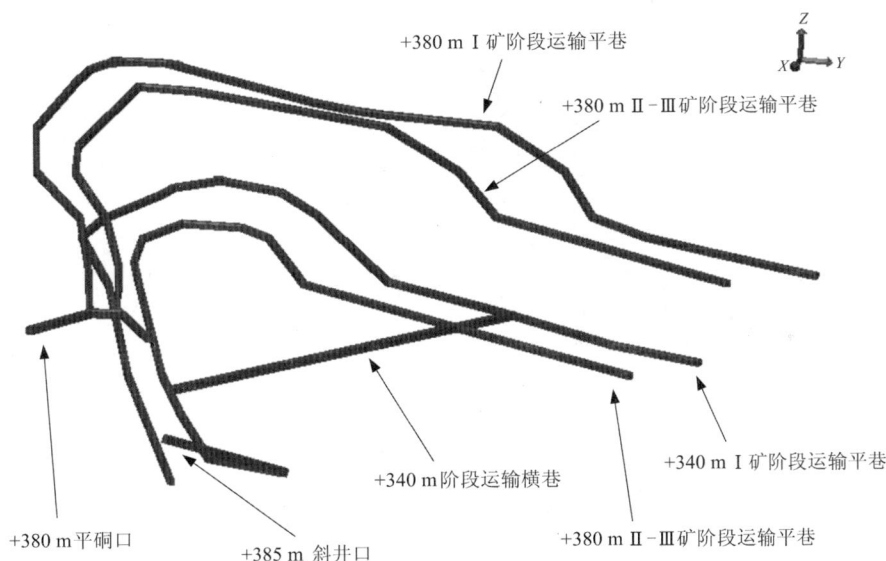

图 7-6　+340 m 和 +380 m 阶段运输平巷三维示意图

　　矿山原来设计布置的阶段运输横巷位置是设计人员根据工程经验初步选择的，缺乏科学依据。如果从矿石运输竞争的角度考虑，那么阶段运输横巷位置的选择对北翼矿石运输功的大小具有重要影响。在回采顺序上，为了避免褶皱构造后期对西端弯部阶段运输巷道的影响，先对西端弯部矿体进行回采，西端弯部的矿石和南翼矿石都经过矿体南翼阶段运输平巷运至斜井提出。根据矿石运输功竞争的含义，当阶段运输横巷的位置发生变化时，北翼矿体各出矿点之间的矿石运输功会形成竞争关系。由于 I 矿、II-III 矿的北翼阶段运输平巷不平行且均随着矿体走向出现部分转折现象，结合矿石地下运输功竞争维度划分研究成果，可知

Ⅰ矿、Ⅱ-Ⅲ矿北翼各出矿点之间的矿石运输功竞争为二维竞争。

为使得北翼矿石的矿石地下运输功达到最优，同时为了给+340 m 阶段运输横巷位置的选择提供科学合理的参考依据，根据北翼矿石地下运输的路线开展北翼矿石运输功二维竞争理论研究成果，可得出北翼矿石运输功与阶段运输横巷位置的关系。

对+340 m 阶段矿体进行矿块划分，并将+380 m 阶段运输平巷投影到+340 m 阶段运输平巷所在的水平面上，选定点 $O(0, 0)$ 为坐标原点并建立二维坐标系，如图 7-7 所示。

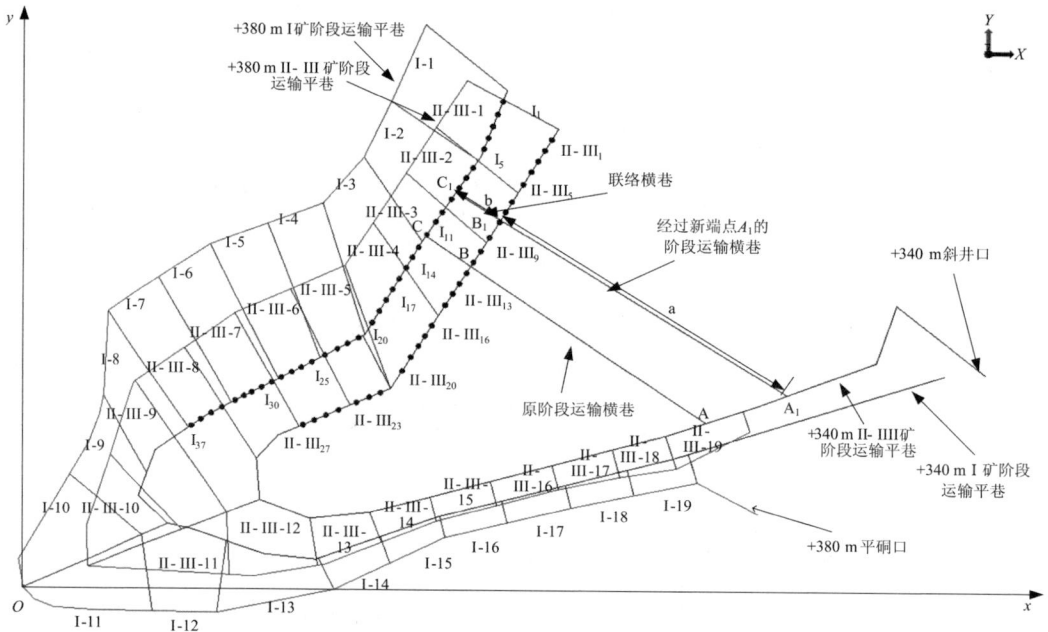

图 7-7 阶段投影平面图

图 7-7 中点 O 的原地质坐标为(36364279.74, 2535355.53, 340)。为了简便计算，对地质坐标进行了相应转换；同时，对+340 m 阶段矿体进行矿块划分，结合相关采矿方法研究成果对北翼矿块进行出矿点布置，矿块内的出矿点间距以 10 m 为主，矿块布置和北翼出矿点布置详情见图 7-7，Ⅰ矿各矿块矿量信息见表 7-2，Ⅱ-Ⅲ矿各矿块矿量信息见表 7-3，Ⅰ矿北翼各出矿点信息见表 7-4，Ⅱ-Ⅲ矿北翼各出矿点信息见表 7-5。

表 7-2　Ⅰ矿各矿块矿量

矿块编号	储量/t		备注
	矿房	矿柱	
Ⅰ-1	11467.93	4328.12	
Ⅰ-2	12465.14	4704.48	
Ⅰ-3	13656.78	5154.21	
Ⅰ-4	13989.16	5243.13	Ⅰ矿北翼
Ⅰ-5	13788.24	5211.79	
Ⅰ-6	12565.13	4912.52	
Ⅰ-7	8504.518	3209.694	
Ⅰ-8	9077.616	1912.234	
Ⅰ-9	9151.47	1927.791	
Ⅰ-10	8050.082	1695.78	Ⅰ矿西端弯部
Ⅰ-11	8297.332	1747.864	
Ⅰ-12	4738.757	1579.586	
Ⅰ-13	6610.56	1652.64	
Ⅰ-14	6295.056	1573.764	
Ⅰ-15	6298.061	1574.515	
Ⅰ-16	6307.075	1576.769	Ⅰ矿南翼
Ⅰ-17	6379.19	1594.798	
Ⅰ-18	6655.632	1663.908	
Ⅰ-19	6643.613	1660.903	

由图 7-7，令 +340 m 阶段运输横巷与 Ⅱ-Ⅲ矿 +340 m 阶段运输平巷南翼和北翼分别交于点 $A^1(x_{A^1}, y_{A^1})$、$B^1(x_{B^1}, y_{B^1})$，从Ⅰ矿北翼 +340 m 阶段运输平巷上的点 $C^1(x_{C^1}, y_{C^1})$ 作最短直线段交于点 B^1，$A^1B^1=a$，$B^1C^1=b$；设点 B^1 右边和左边的出矿点为 $Ⅱ\text{-}Ⅲ_m$、$Ⅱ\text{-}Ⅲ_{m+1}$，对应的出矿量为 $Q_{Ⅱ\text{-}Ⅲ_m}$、$Q_{Ⅱ\text{-}Ⅲ_{m+1}}$，两点出矿点间的运输距离为 $l_{Ⅱ_m}$；设点 C^1 右边和左边的出矿点为 I_n、I_{n+1}，对应的出矿量为 Q_{I_n}、$Q_{I_{n+1}}$，两点出矿点间的运输距离为 l_{I_n}；设点 B^1 到出矿点 $Ⅱ\text{-}Ⅲ_1$ 的运输距离为 $x_{I_{I\text{-}Ⅱ_1}}$，点 C^1 到出矿点 I_1 的运输距离为 x_I。当点 B^1 和点 C^1 的位置分别在矿体北翼的阶段运输巷道变化，部分矿石平面运输功会变小，部分矿石平面运输功会变

大，因此矿体北翼矿石的运输功呈现出二维竞争关系。

表 7-3　Ⅱ矿各矿块矿量

矿块编号	储量/t		备注
	矿房	矿柱	
Ⅱ-Ⅲ-1	20759.55	7834.873	Ⅱ-Ⅲ矿北翼
Ⅱ-Ⅲ-2	15663.74	5911.66	
Ⅱ-Ⅲ-3	13118.45	4951.04	
Ⅱ-Ⅲ-4	14550.5	5491.512	
Ⅱ-Ⅲ-5	16635.87	6278.55	
Ⅱ-Ⅲ-6	14121.93	5329.765	
Ⅱ-Ⅲ-7	17709.54	5903.18	
Ⅱ-Ⅲ-8	16119.43	3395.619	Ⅱ-Ⅲ矿西端弯部
Ⅱ-Ⅲ-9	16601.09	3497.081	
Ⅱ-Ⅲ-10	13521.6	4507.2	
Ⅱ-Ⅲ-11	9648.413	2412.103	
Ⅱ-Ⅲ-12	10353.31	5681.33	
Ⅱ-Ⅲ-13	10621.97	2655.492	Ⅱ-Ⅲ矿南翼
Ⅱ-Ⅲ-14	11127.78	2781.944	
Ⅱ-Ⅲ-15	10186.27	2546.568	
Ⅱ-Ⅲ-16	10241.36	2560.34	
Ⅱ-Ⅲ-17	10231.34	2557.836	
Ⅱ-Ⅲ-18	10457.26	2664.42	
Ⅱ-Ⅲ-19	8797.65	1953.71	

表 7-4 I 矿北翼各出矿点信息

矿块编号	出矿点编号	出矿量/t	与上一个出矿点间的运距/m	出矿点所在直线段的函数式
I-1	I_1	2980.43	0	$y=2.58x-619.87$ ($398.04>x>380.77$)
	I_2	3142.24	11	
	I_3	3297.33	11	
	I_4	3315.64	10	
	I_5	3060.41	10	
I-2	I_6	2715.68	18	
	I_7	2542.11	10	
	I_8	2401.27	10	
	I_9	2371.77	10	
	I_{10}	2491.83	10	
	I_{11}	2349.05	10	
	I_{12}	2297.91	10	$y=1.57x-234.69$ ($380.77>x>284.52$)
I-3	I_{13}	2156.38	17	
	I_{14}	2201.81	11	
	I_{15}	2294.63	11	
	I_{16}	2379.05	11	
	I_{17}	2452.37	11	
	I_{18}	2517.55	11	
	I_{19}	2409.29	11	
	I_{20}	2399.91	11	

续表

矿块编号	出矿点编号	出矿量/t	与上一个出矿点间的运距/m	出矿点所在直线段的函数式
I-4	I_{21}	4714.57	17	
	I_{22}	4886.31	10	
	I_{23}	4856.99	10	
	I_{24}	4774.42	10	
I-5	I_{25}	4797.61	10	$y=0.52x+66.26$
	I_{26}	4654.33	10	$(284.52>x>151.19)$
	I_{27}	4739.94	10	
	I_{28}	4808.15	10	
I-6	I_{29}	3429.53	10	
	I_{30}	3561.62	10	
	I_{31}	3507.82	10	
	I_{32}	3492.17	10	
	I_{33}	3486.51	10	
I-7	I_{34}	2921.76	10	$y=0.71x+37.02$
	I_{35}	3044.35	10	$(151.19>x>139.96)$
	I_{36}	2994.72	10	
	I_{37}	2753.38	9	

表 7-5　Ⅱ 矿北翼各出矿点相关信息

矿块编号	出矿点编号	出矿量 /t	与上一个出矿点之间的运距/m	出矿点所在直线段的函数式
Ⅱ-Ⅲ-1	Ⅱ-Ⅲ₁	5818.27	0	
	Ⅱ-Ⅲ₂	5688.12	10	
	Ⅱ-Ⅲ₃	5718.93	10	
	Ⅱ-Ⅲ₄	5801.33	11	
	Ⅱ-Ⅲ₅	5567.78	13	
Ⅱ-Ⅲ-2	Ⅱ-Ⅲ₆	5255.08	17	
	Ⅱ-Ⅲ₇	5384.57	10	
	Ⅱ-Ⅲ₈	5499.20	10	
	Ⅱ-Ⅲ₉	5436.55	10	
Ⅱ-Ⅲ-3	Ⅱ-Ⅲ₁₀	3193.21	18	$y=1.59x-318.73$ ($438.27>x>306.66$)
	Ⅱ-Ⅲ₁₁	3100.30	11	
	Ⅱ-Ⅲ₁₂	3092.45	12	
	Ⅱ-Ⅲ₁₃	3021.77	10	
	Ⅱ-Ⅲ₁₄	2897.19	11	
	Ⅱ-Ⅲ₁₅	2764.57	10	
Ⅱ-Ⅲ-4	Ⅱ-Ⅲ₁₆	4008.40	21	
	Ⅱ-Ⅲ₁₇	4105.27	10	
	Ⅱ-Ⅲ₁₈	3901.22	10	
	Ⅱ-Ⅲ₁₉	3894.45	11	
	Ⅱ-Ⅲ₂₀	4132.68	14	
Ⅱ-Ⅲ-5	Ⅱ-Ⅲ₂₁	6557.16	27	
	Ⅱ-Ⅲ₂₂	6402.22	10	
	Ⅱ-Ⅲ₂₃	6492.32	11	
Ⅱ-Ⅲ-6	Ⅱ-Ⅲ₂₄	5198.03	16	$y=0.42x+39.49$ ($306.66>x>233.11$)
	Ⅱ-Ⅲ₂₅	5245.11	12	
	Ⅱ-Ⅲ₂₆	5228.60	10	
	Ⅱ-Ⅲ₂₇	5242.68	11	

令矿体北翼矿石运至点 A^1 所消耗的运输功为 $f(x_{\text{II-III}})$，则 $f(x_{\text{II-III}})$ 的计算主要步骤如下：

（1）求 b。$x_{\text{II-III}}$ 作为初始已知量，当 $x_{\text{II-III}}$ 的数值逐渐变化时，b 的数值也会发生变化，因此，需要根据 $x_{\text{II-III}}$ 求出 b 的表达式。由于 $x_{\text{II-III}}$ 已知，首先根据 II-III 矿阶段运输平巷所在的直线段函数式和 II-III 矿第一个出矿点的坐标值求出点 B^1（x_{B^1}，y_{B^1}），然后结合点 C^1 所在的直线段函数式和垂点 B^1 求出点 $C^1(x_{C^1}$，$y_{C^1})$ 和 b；最后结合求的点 $C^1(x_{C^1}$，$y_{C^1})$ 和点 C^1 所在的直线段函数式以及 I 矿第一个出矿点的坐标值求出 x_I。根据 I 矿阶段运输平巷的路线，将北翼 II-III 矿所在的定义域横坐标 X 分为五个区间，不同区间与之相对应的关于 b 的表达式不同，具体见表 7-6。

表 7-6 b 的不同区间表达式

II-III 矿定义域区间划分	对应的 I 矿区间	b 的表达式
$438.27 > x_{B^1} > 420.03$	$392.59 > x_{C^1} > 380.77$	$\left| \dfrac{2.58 x_{B^1} - y_{B^1} - 619.87}{\sqrt{2.58^2 + 1}} \right|$
$420.03 > x_{B^1} > 415.02$	$x_{C^1} = 380.77$	$\sqrt{(x_{B^1} - x_{C^1})^2 + (y_{B^1} - y_{C^1})^2}$
$415.02 > x_{B^1} > 321.41$	$380.77 > x_{C^1} > 284.52$	$\left| \dfrac{1.57 x_{B^1} - y_{B^1} - 234.69}{\sqrt{1.57^2 + 1}} \right|$
$321.41 > x_{B^1} > 307.47$	$x_{C^1} = 284.52$	$\sqrt{(x_{B^1} - x_{C^1})^2 + (y_{B^1} - y_{C^1})^2}$
$307.47 > x_{B^1} > 233.11$	$284.52 > x_{C^1} > 213.12$	$\left| \dfrac{0.52 x_{B^1} - y_{B^1} - 66.26}{\sqrt{0.52^2 + 1}} \right|$

（2）求 a。基于三角形两边长度之和大于第三边定理，以 ΔAA^1B^1 为例进行说明：北翼矿体的矿石都必须经过点 B^1 运至点 A^1，若矿石从点 B^1 运至点 A 再运至点 A^1，在矿量相同的情况下，运输路线 A^1B^1 所需的运输功最小。同理，当 B^1 移动至点 B 或者其他点时，点 A^1 所在位置为最佳。因此，本章节中的点 A^1 结合工程实际情况选取的坐标位置为（633.42，164.07），原阶段运输横巷设计选取的位置点 A 和点 B 坐标为（566.02，140.72）、（372.31，270.63），点 C 坐标为（334.99，295.85）。所以 a 的表达式：

$$a = \sqrt{(x_{B^1} - 633.42)^2 + (y_{B^1} - 164.07)^2} \tag{7-1}$$

（3）计算 II-III 矿北翼 27 个出矿点的矿石运至点 A^1 所需的运输功 $f_{\text{II-III}}(x_{\text{II-III}})$：

$$f_{\mathrm{II-III}}(x_{\mathrm{II-III}}) = Q_{\mathrm{II-III}_1} x_{\mathrm{II-III}} + Q_{\mathrm{II-III}_2}(x_{\mathrm{II-III}} - l_{\mathrm{II-III}}) + \cdots +$$
$$Q_{\mathrm{II-III}_m}(x_{\mathrm{II-III}} - \sum_{e=1}^{e=m-1} l_{\mathrm{II-III}_e}) +$$
$$Q_{\mathrm{II-III}_{m+1}}(\sum_{e=1}^{e=m} l_{\mathrm{II-III}_e} - x_{\mathrm{II-III}}) + \cdots +$$
$$Q_{\mathrm{II-III}_{27}}(\sum_{e=1}^{e=26} l_{\mathrm{II-III}_e} - x_{\mathrm{II-III}}) + \sum_{e=1}^{e=27} Q_{\mathrm{II-III}_e} a \qquad (7-2)$$

（4）计算 I 矿北翼 37 个出矿点的矿石运至点 A^1 所需要的运输功 $f_{\mathrm{I}}(x_{\mathrm{I}})$：

$$f_{\mathrm{I}}(x_{\mathrm{I}}) = Q_{\mathrm{I}_1} x_{\mathrm{I}} + Q_{\mathrm{I}_2}(x_{\mathrm{I}} - l_{\mathrm{I}_1}) + \cdots + Q_{\mathrm{I}_n}(x_{\mathrm{I}} - \sum_{e=1}^{e=n-1} l_{\mathrm{I}_e}) +$$
$$Q_{\mathrm{I}_{n+1}}(\sum_{e=1}^{e=n} l_{\mathrm{I}_e} - x_{\mathrm{I}}) + \cdots + Q_{\mathrm{I}_{37}}(\sum_{e=1}^{e=36} l_{\mathrm{I}_e} - x_{\mathrm{I}}) +$$
$$\sum_{e=1}^{e=37} Q_{\mathrm{I}_e}(a+b) \qquad (7-3)$$

（5）计算 $f(x_{\mathrm{II-III}})$：

$$f(x_{\mathrm{II-III}}) = f_{\mathrm{II-III}}(x_{\mathrm{II-III}}) + f_{\mathrm{I}}(x_{\mathrm{I}}) \qquad (7-4)$$

由式（7-4）可知，基于点 B^1 坐标、点 C^1 坐标、I 矿第一个出矿点坐标和各点所在阶段运输平巷的直线段函数式，可综合求出 x_{I} 关于 $x_{\mathrm{II-III}}$ 的表达式。

为方便快速得到运输功 $f(x_{\mathrm{II-III}})$ 关于 $x_{\mathrm{II-III}}$ 的趋势变化图，通过选取 I 矿 21 个出矿点对应的点 B^1 和 II-III 矿 20 个出矿点对应的点 B^1 作为关键点，将相关矿量、运输距离等数据代入式（7-4），得出这些关键点对应的运输功数值（见表 7-7）。

表 7-7　关键点 B^1 对应的矿石运输功

B^1 所在的出矿点	$x_{\mathrm{II-III}}$/m	对应的矿石运输功/(t·m)
$\mathrm{II-III}_1$	0	121796327.19
I_3	6.00	119616550.62
$\mathrm{II-III}_2$	10.00	118685110.87
I_4	17.34	116593371.85
$\mathrm{II-III}_3$	20.00	115792626.59
I_5	26.99	113999226.94
$\mathrm{II-III}_4$	31.00	113137101.59
$\mathrm{II-III}_5$	44.00	111124081.13
I_6	55.91	109040266.64
$\mathrm{II-III}_6$	61.00	108203530.77
I_7	66.51	107431928.86
$\mathrm{II-III}_7$	71.00	106699055.41

续表

B^1 所在的出矿点	x_{II-III}/m	对应的矿石运输功/(t·m)
I_8	76.05	106084851.00
$II-III_8$	81.00	105520526.38
I_9	87.41	105174147.56
$II-III_9$	91.00	104347284.50
I_{10}	100.01	104255386.13
$II-III_{10}$	109.00	103562887.35
I_{11}	115.36	103530678.09
$II-III_{11}$	120.00	103160355.09
I_{12}	120.25	103135249.18
$II-III_{12}$	132.00	102899536.83
I_{13}	136.65	102752924.85
$II-III_{13}$	142.00	102610607.52
I_{14}	143.33	102539646.46
$II-III_{14}$	153.00	102641772.64
I_{15}	156.95	102821148.50
$II-III_{15}$	163.00	102946567.35
I_{16}	166.54	103193754.16
I_{17}	180.38	103703372.23
$II-III_{16}$	184.00	104045021.44
I_{18}	187.81	104391832.82
$II-III_{17}$	194.00	104875110.24
I_{19}	198.30	105338601.41
$II-III_{18}$	204.00	105859311.98
I_{20}	209.56	106556832.06
$II-III_{19}$	215.00	107321757.85
$II-III_{20}$	229.00	109428548.33
I_{21}	250.67	114290249.91

根据表 7-7 中的数据，绘出 $f(x_{\text{II-III}})$ 关于 $x_{\text{II-III}}$ 的趋势变化图，如图 7-8 所示。

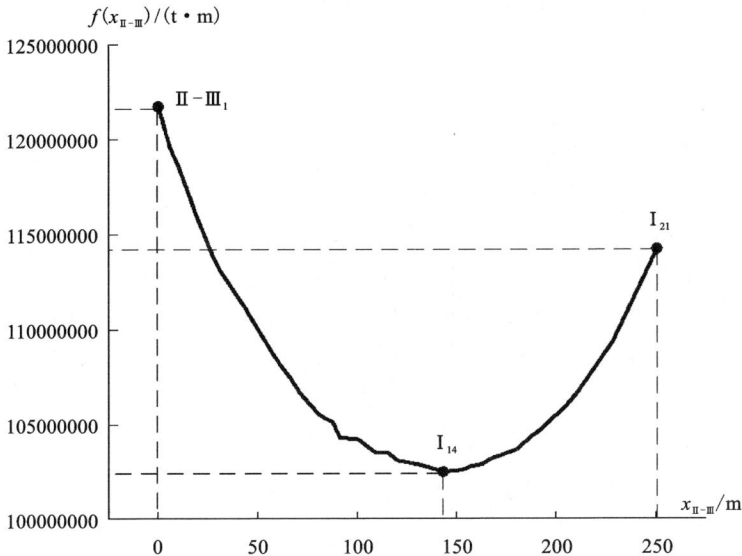

图 7-8 $f(x_{\text{II-III}})$ 与 $x_{\text{II-III}}$ 的关系趋势图

由表 7-7 和图 7-8 可知，当点 B^1 布置在 II-III 矿出矿点 II-III-13 到 II-III-14 之间，矿石运输功最小，意味着矿石运输费用也最小。所以，点 B^1 的最优参考位置距离 II-III-1 出矿点 143 m 处，即在 II-III-13 出矿点和 II-III-14 出矿点之间，北翼矿石运至点 A^1 消耗的运输功为 102539646.46 t·m。

根据原来设计的阶段运输横巷点 $A(566.02, 140.72)$ 和点 $B(372.31, 270.63)$ 的坐标，结合点 $A^1(633.42, 164.07)$ 和点 $C(334.99, 295.85)$ 的坐标，求出 AC、AB 和 AA^1 的距离，然后根据式（7-4）可计算出按原阶段运输横巷位置布置时需要消耗的运输功为 108775730.48 t·m。

可见，经过矿石运输功竞争优化后选取的阶段运输横巷位置所对应消耗的运输功与原阶段运输横巷位置服务的北翼矿石运至点 A^1 所对应消耗的运输功相比，要节省 6236084.02 t·m。

7.5　各区适用采矿方法的选择与创新设计

大新锰矿其他急倾斜矿段和缓倾斜矿段分别采用浅孔留矿法和电耙出矿房柱法开采，积累了大量工程经验，取得了良好的经济成效，故一区、二区矿段分别继续采用浅孔留矿法和电耙出矿房柱法进行回采。

7.5.1 一区采用浅孔留矿法

一区推荐采用浅孔留矿法，示意图如图 7-9 所示。

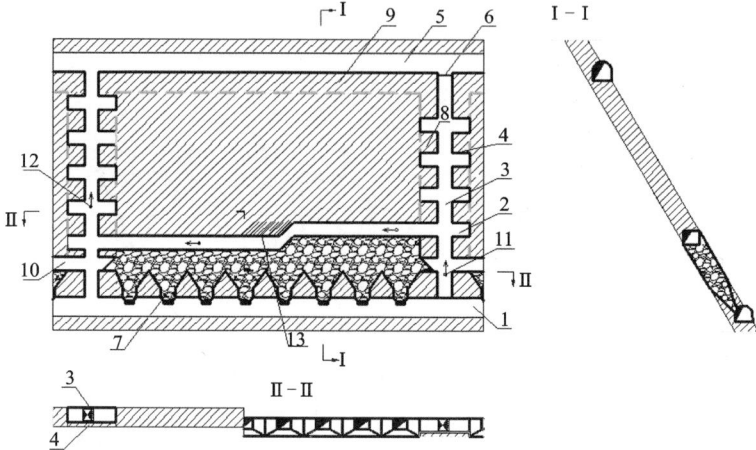

1—阶段运输平巷；2—联络道；3—人行通风天井；4—间柱；5—阶段回风巷道；6—风门；
7—漏斗；8—底柱；9—顶柱 10—切割平巷；11—新鲜风流 12—污风流；13—炮孔。

图 7-9　浅孔留矿法示意图

矿块阶段高 40 m，矿块长 50~70 m，间柱 7 m，矿体倾角 50°~70°。采用沿脉双巷布置，分别布置在Ⅰ矿层和Ⅱ矿层，在矿块两端贴近巷道一侧掘进人行通风天井（2 m×2 m）及间距为 5 m 的联络道（2 m×2 m×2.5 m）。在矿房下部拉底和辟漏，拉低高度为 2 m，宽度等于矿体厚度，用浅眼爆破将漏斗颈上部扩大形成漏斗。

回采工作主要包括打孔装药、爆破、通风、局部放矿、撬顶平场和大量放矿。先采矿房后采矿柱，矿块内部按 2 m 高度进行分层，自下而上回采。每分层自采场一侧按矿层厚度挑出 2 m 深的切割槽，再沿矿体走向采场一侧回采，采用凿岩机打上向倾斜炮孔，倾角 45°至 60°之间，孔径 0.04 m，孔深 2.5 m，孔间距 0.8 m，水平排距 1 m，最小抵抗线 0.7 m。采用非电导爆管起爆铵油炸药崩落矿石。新鲜风流自运输平巷、通风天井和联络道到达采场工作面，污风由另一侧天井排到上阶段回风平巷。局部放矿每次放出一次崩矿量的 1/3。局部放矿后，为了保证工作面安全，应立即检查工作面的顶底板，及时撬顶、平整场地，确保有 2 m 高的安全作业空间。当矿房回采完毕后，可进行大量放矿。

7.5.2 二区采用电耙出矿房柱法

二区推荐采用电耙出矿房柱法，如图 7-10 所示。

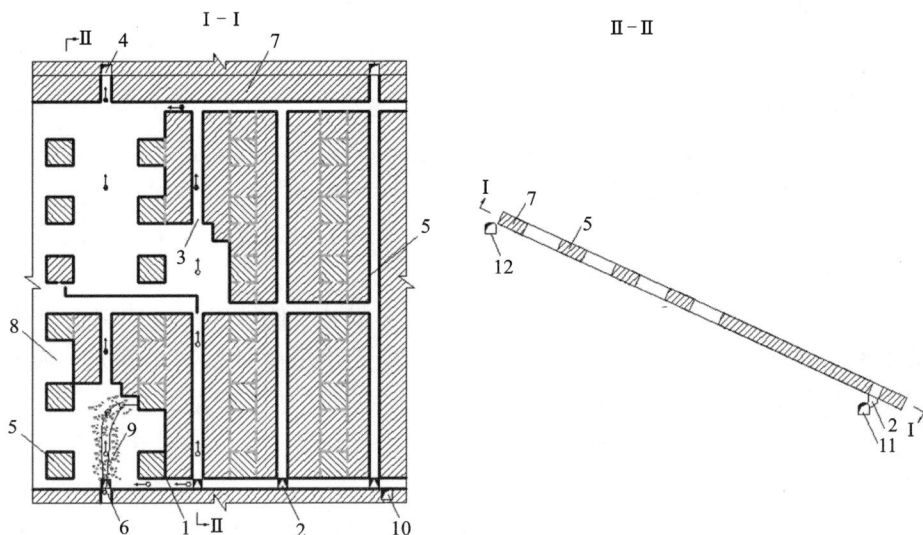

1—拉底巷道；2—漏斗；3—上山（安全通道）；4—上部人行安全出口；5—间断矿柱；6—电耙硐室；
7—顶柱；8—空区；9—电耙；10—人行天井；11—运输平巷；12—阶段回风巷道。

图 7-10 电耙出矿房柱法示意图

矿房宽度为 10~15 m，矿块斜长视二区矿块具体布置而定，矿房间柱为 5 m×5 m。在回采过程中，先留 5 m 宽连续间柱，等到回采下一个矿房后再回采部分矿柱，使连续矿柱变为间断矿柱，同排矿柱之间距离为 5~8 m。

回采工作包括凿岩、爆破、通风、电靶出矿。凿岩用 YT-28 型气腿式凿岩机沿逆倾向打水平眼，要严格控制炮眼方向，使采场顶板平整，避免顶底板围岩崩落造成贫化，炮眼间距 0.8~1 m，梅花形布置，爆破时往下爆破，一次采全高，夹石不剔除，爆破完成后要进行 15 分钟以上的通风，然后用电耙把崩落矿石从矿房耙到拉底巷道的漏斗口，斗车再把矿体从放矿漏斗装车运走。爆破采用人工装药，毫秒微差异爆管爆破，每次爆破 4~5 排孔。爆破距离为 4~5 m，爆破深度为 2.5 m。爆破完毕后，要及时进行通风，最少要通风 15 分钟后，挂钩工才能进入工作面挂钩，在挂钩前要进行清理松石滚石工作，并进行敲帮问顶工作，确定顶板是否稳固。利用布置在矿房底部的电靶，将每次爆破产出矿石耙入放矿溜井。并将采场大块进行集中，方便进行二次爆破。

回采当前开采的矿房时，需要留矿壁；待开采下个矿房时，再回收部分矿柱，回收方法为从矿壁中掏矿，且每隔 8 m 留一个半径为 2.5 m 的不规则矿柱。采空区内留空，但进入采空区的入口需用栏栅封住，以防人员进入。进行采矿后，顶板离底板较高，且顶板岩石破碎，要随时进行敲帮问顶工作，注意顶板发生冒落。

7.5.3　三区适用采矿方法的创新设计与选择

（1）三区适用采矿方法的创新设计

三区矿段倾角在 30°至 55°之间，采用全面采矿法、房柱式采矿法和留矿采矿法等传统空场采矿法开采时，电耙出矿受限因素多，崩落的矿石难以完全靠自重在底部放出，得出采用传统采矿法开采存在矛盾为：在整个矿块的倾斜方向上，没有单一的矿石运搬方式能够满足生产要求。因此，三区矿段的采矿方法需围绕矿石运搬这一特征进行创新设计。

目前国内外，已有部分矿山采用留矿全面采矿法、伪倾斜房柱式采矿法和爆力采矿法开采倾斜薄矿体。但，留矿全面采矿法大量出矿时需要人员进入采场辅助作业，工作效率低，安全性较差；伪倾斜房柱式采矿法工程量大，矿石损失大；爆力采矿法多采用中深孔爆破回采，主要适用于中厚矿体，不宜在薄矿体广泛采用。

为了克服常规房柱式采矿法工程量大、工作效率低等缺点，充分发挥爆破动能，将崩落矿石抛至电耙巷道中，提高生产效率，在协同开采理念指导下，陈庆发等[1-3]采用创新技法中的主体附加法和同物组合法，分别发明了浅孔凿岩爆力−电耙协同运搬分段矿房采矿法和电耙−爆力协同搬运伪倾斜房柱采矿法。这 2 种协同采矿方法，均采用爆力和电耙互相协调配合的运搬方式，有效解决了传统运搬方式的空场法开采缓倾斜矿体出现的矿石运搬问题。

①电耙−爆力协同搬运伪倾斜房柱采矿法。

将矿块沿走向布置，矿块高度为阶段高度，在矿块内划分矿房和矿柱，矿房沿走向划分，矿房宽 7 m，矿柱长和宽均是 3 m，矿柱间距为 5 m，顶柱高 3 m，底柱高 6 m。自矿块底部阶段运输巷道掘进人行天井，每两个矿房布置一个人行天井（2 m×2 m），方便工作人员进入工作面；自人行天井在底柱中掘进高为 2 m 的切割平巷，宽度为矿体厚度，作为矿房联络道和起始爆破自由面；自阶段运输巷道掘进直径为 1.5 m 的放矿溜井；自切割平巷在围岩中掘进规格为 2 m×2 m 电耙硐室；沿矿房掘进规格为 2 m×2 m 的上山，用作人员、风流、设备和材料的通行。电耙−爆力协同搬运伪倾斜房柱采矿法示意图如图 7−11 所示。

Ⅰ矿回采时，由于矿体厚度较薄，一次回采矿体全厚。回采矿房时，预先保留连续矿柱，待上一个矿房的回采工作完毕后，再将连续间柱切割回收。考虑到电耙搬运和爆力运搬的效果，自上而下将矿房分为 A 区和 B 区：A 区炮孔方向与电耙道垂直，崩落的矿石利用爆力运搬至 B 区，然后利用电耙耙至溜井；B 区炮

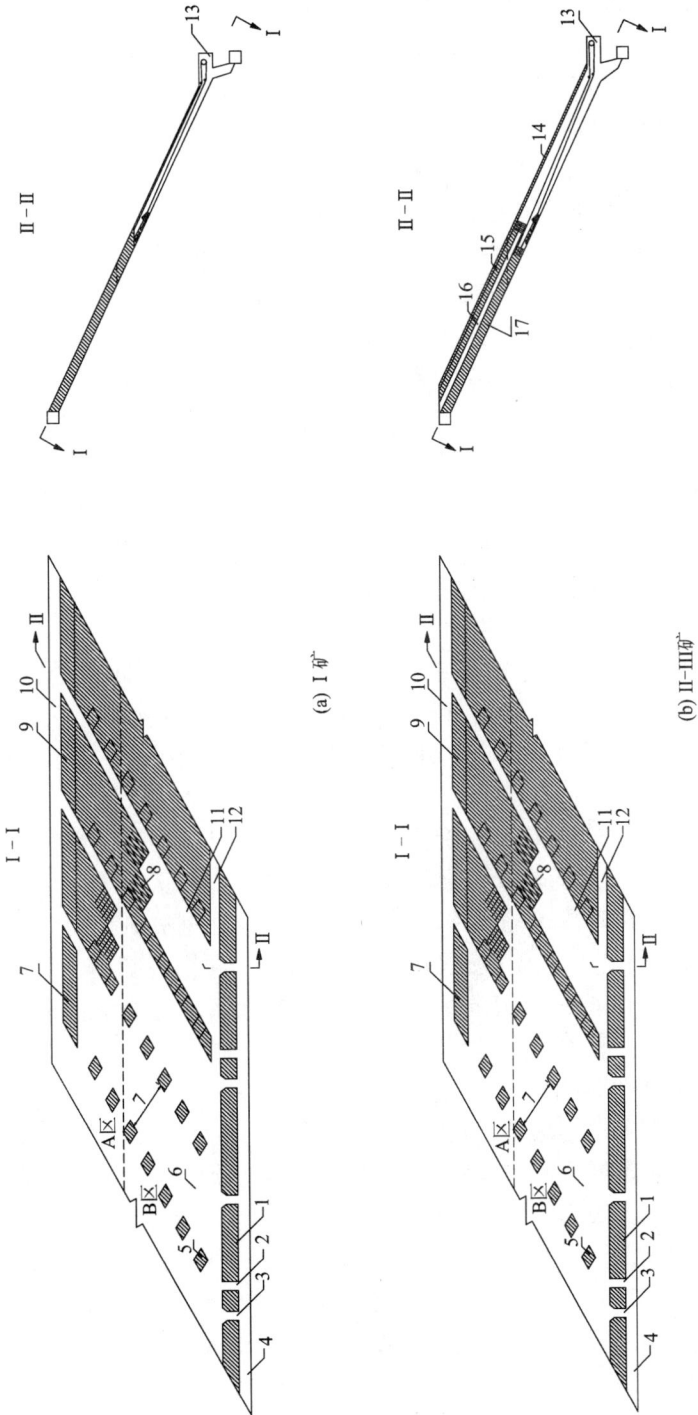

(a) Ⅰ矿

(b) Ⅱ-Ⅲ矿

图7-11　电耙-爆力协同搬运伪倾斜房柱采矿法

1—底柱；2—行人天井；3—溜井；4—下水平运输巷道；5—间柱；6—采空区；7—顶柱；8—炮孔；9—矿体；10—上水平运输巷道；11—上山；12—切割平巷；13—电耙硐室；14—顶柱；15—第三层矿；16—夹石；17—第二层矿。

孔方向与电耙道平行布置，崩落的矿石直接由电耙耙至溜井。A 区和 B 区均采用气腿式凿岩机打孔，孔深 1.8 m，孔间距 1.0 m；用非电导爆管起爆，乳化炸药单耗 0.8 kg/t；每班凿岩进度为 30 m，一个矿房布置 2 台凿岩机，每班作业 4 h，共有三个班。电耙运搬采用容积为 0.4 m³ 的 2JP-15 型号电耙进行耙矿作业，出矿采用 ZDPJ-30 型号的电耙绞车进行出矿作业。

Ⅱ-Ⅲ 矿回采时，由于 Ⅱ-Ⅲ 矿直接顶板稳固性较差，故保留 Ⅱ-Ⅲ 矿的 0.5 m 矿石作为护顶层，不进行回采；同时，在不稳固的地方安装锚杆维护顶板。Ⅱ-Ⅲ 矿分两层进行回采，先采第二层矿体，再回采第二层夹石和第三层矿体。其余步骤和Ⅰ矿回采一样。为了提高矿石生产效率，将上一个矿房的 A 区与下一个矿房的 B 区同时进行回采，可以提高矿石运搬效率。

新鲜风流依次经过阶段运输平巷、切割平巷和上山到达采场；污风经过上山进入上个阶段运输平巷排至地表。为了保证采场内通风质量，在采场内布置局部通风机。矿房回采后，对采空区进行封闭处理，并在一旁放置警示牌。

②浅孔凿岩爆力-电耙协同运搬分段矿房采矿法。

矿块高度为所在阶段高度，分段高度为 16~24 m，每个分段划分为矿房和间柱。分段间留 3 m 斜顶柱，矿房沿走向长度为 40~70 m，间柱宽度为 6 m，底柱高度为 6 m，顶柱厚度为 3 m。由于第三层矿顶板整体性较差，回采中建议保留 0.5 m 矿石作为护顶矿。根据产状复杂矿区矿岩的稳固性，可能需要在矿块内布置一些不连续的矿柱，此时该采矿方法每个矿房宽度为 8~10 m。其示意图如图 7-12 所示。

分别在Ⅰ矿、Ⅱ-Ⅲ 矿施工沿脉阶段运输巷道，在Ⅰ矿阶段运输水平以上 16.5 m 处掘进分段巷道，从运输巷道在设计间柱中掘进先行天井至上阶段水平、在天井内掘进联络道，在阶段运输水平以上 6 m 及 20 m 处掘进电耙硐室、电耙道并掘进溜井连通电耙道(Ⅰ矿在阶段运输水平以上 16.5 m 掘进脉内沿脉分段巷，分段巷水平以上 5 m 施工掘进电耙硐室、电耙道并掘进溜井连通电耙道)。在矿体中部掘进一条上山至上阶段运输巷道，在电耙道垂直倾向方向挑顶起切割槽，电耙道及切割槽作为回采自由面。

回采工作主要包括凿岩、爆破、通风和电耙出矿。用 YT-28 型气腿式凿岩机施工炮孔，Ⅰ矿沿矿体走向方向布置水平炮眼，一次采全厚，Ⅱ-Ⅲ 矿以梯段工作面回采，下梯段超前上梯段 2~3 m，下梯段沿矿体走向方向布置水平炮眼，上梯段垂直倾向向上布置炮眼，炮眼孔径 40 mm，炮眼间距 0.8 m，排距 1 m，最小抵抗线 0.7 m，炮孔深度 2.5 m 左右。矿山需进行现场试验确定最优凿岩参数。用 2 号岩石乳化炸药，采用人工装药，毫秒导爆管爆破，每次爆破 4~5 排。阶段运输巷道新鲜风流经间柱通风天井进入采场，冲刷作业面后有矿房中部上山进入上部回风巷。每次爆破后，保证 0.5 h 排除炮烟。每次爆破产出矿石经爆力运搬至

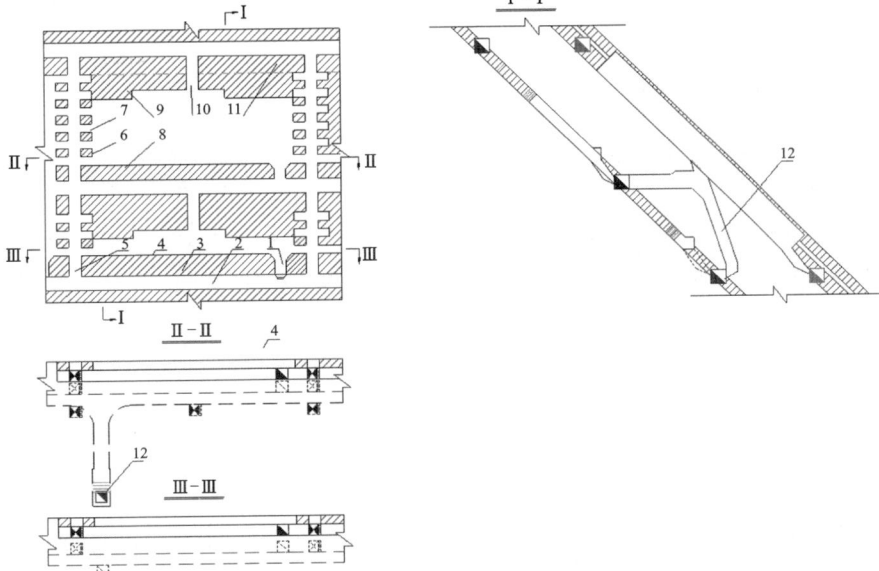

1—溜井；2—阶段运输巷道；3—底柱；4—电耙道；5—天井；6—间柱；7—联络道；
8—分段底板；9—炮孔；10—上山；11—顶柱；12—分段溜井。

（a）Ⅰ矿

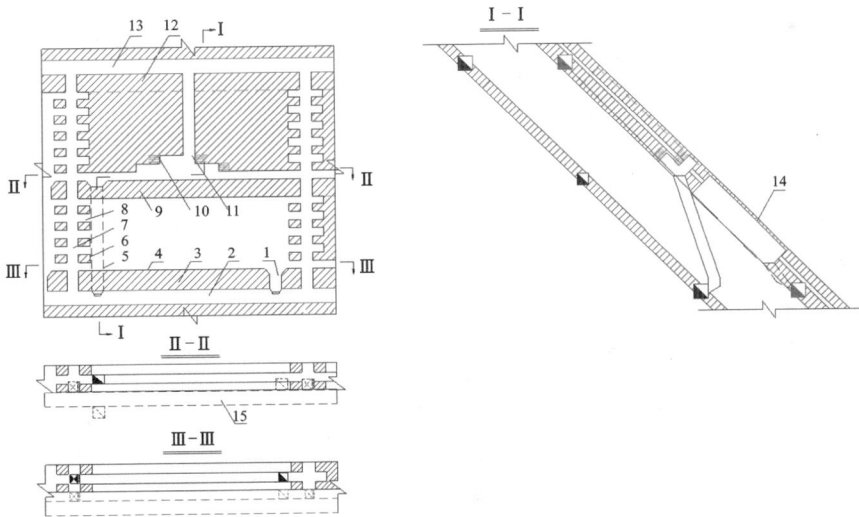

1—溜井；2—阶段运输平巷；3—底柱；4—电耙道；5—分段溜井；6—间柱；7—天井；8—联络道；
9—分段底板；10—炮孔；11—上山；12—凿岩平台；13—顶柱；14—护顶矿。

（b）Ⅱ-Ⅲ矿

图 7-12 浅孔凿岩爆力-电耙协同运搬分段矿房法示意图

底部受矿电耙道，经电耙耙入放矿溜井。对底板残留矿要及时进行清理，以提高爆力运搬效果。

间柱不再回收，分段底板在矿房回采完后再进行回收，其中Ⅰ矿先利用分段巷回采上分段矿房，下分段直接接顶回采分段巷底柱。Ⅱ-Ⅲ矿自下而上分段回采，采完上部分段后对分段底板进行破坏性回收。矿房回采完毕后，对采空区进行封闭处理，同时在一旁放置警示牌。

对浅孔凿岩爆力-电耙协同运搬分段矿房采矿法和电耙-爆力协同搬运伪倾斜房柱采矿法进行改动设计，以适应三区矿段开采技术条件。适合三区矿体的电耙-爆力协同搬运伪倾斜房柱采矿和浅孔凿岩爆力-电耙协同运搬分段矿房采矿法的详细步骤如下：

(2)三区采矿方法的选择

①采矿方法初选。

三区矿段地表不允许塌落、矿石价值不高，利用排除法排除崩落法和充填法；结合类似矿山倾斜薄矿体采用的传统采矿方法，上述设计的协同采矿方法和矿体开采技术条件进行采矿方法初选。初选采矿方法为：全面留矿法、浅孔凿岩爆力-电耙协同运搬分段矿房采矿法、电耙-爆力协同搬运伪倾斜房柱采矿法。

(a)全面留矿法。

全面留矿法示意图如图7-13所示。

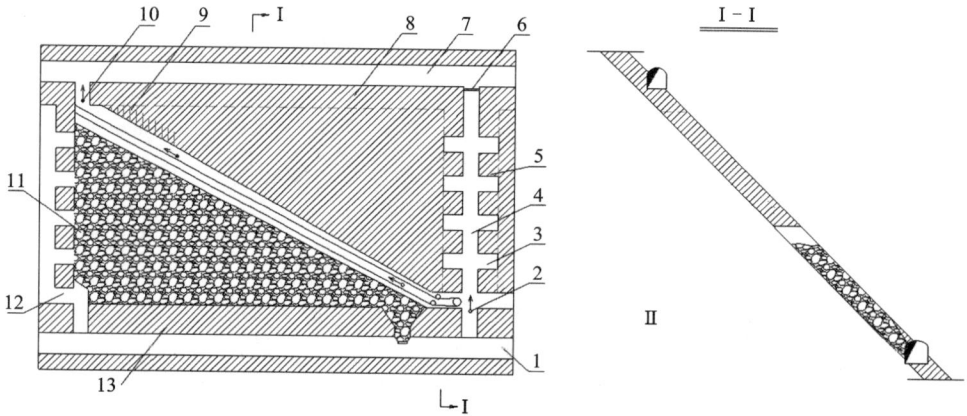

1—阶段运输平巷；2—新鲜风流；3—联络道；4—人行通风井；5—间柱；6—风门；
7—阶段回风巷；；8—顶柱；9—炮孔；10—污风流；11—矿堆；12—切割巷；13—底柱。

图7-13　全面留矿法示意图

矿块阶段高度为40 m，间柱宽4 m，底柱高4 m，顶柱厚2 m。采切工程主要包括阶段运输巷道、上山、联络道和漏斗。阶段运输巷道断面积为7.1 m²，上山断面尺寸为 2 m×2 m，沿矿体倾向每隔 4~5 m 掘联络道断面尺寸为 2 m×2 m。在矿房中设一个漏斗，漏斗应尽量靠近下盘。自联络道在矿块底部进行拉底工作，开凿高为 2 m 的拉底巷道，拉底宽度为矿体厚度，作为回采工作的自由面。由于矿体倾角为 30°~55°，矿石不能自重溜放，电耙沿倾向布置运行不可靠，开采前期采用上向倾斜工作面(倾角约 30°)分层崩矿，打逆倾向炮孔，每次崩下的矿石，由安放在矿房的电耙耙至矿房底柱中预先掘好的短溜井中，然后由阶段运输巷道装车运出。

回采前沿垂直上向倾斜方向按 2.5 m 的高度对矿块进行分层。回采工作主要包括打孔、爆破、通风、平场、局部放矿和大量放矿。采用上向炮孔，以梯段工作面的方式崩矿，每个梯段工作面长度为 15 m，梯段工作面高度为 2~2.5 m。每层共 4 个工作面。炮孔平行排列，炮孔间距为 0.8 m。用 2 号岩石乳化炸药，采用人工装药，毫秒导爆管爆破，每次爆破一个梯段。

新鲜风流从上山的底部进入，通过矿房工作面后，通过上山的顶部进入回风巷道。采用矿房底部设置的电耙进行平场，崩落的矿石根据采矿需要利用电耙耙至漏斗口，溜放出部分矿体，剩余矿石留于矿房内作为下一次采矿的作业平台。待矿堆倾角达到 30°，无法利用电耙出矿时，可利用爆力运搬辅助出矿。待矿房内凿岩爆破工作全部结束以后，对剩余的矿堆进行大量出矿，直至清理完毕。

布置矿块时，考虑到最终三角区域矿石难以回收，可按照伪倾斜的方式布置矿块，如图 7-14 所示。

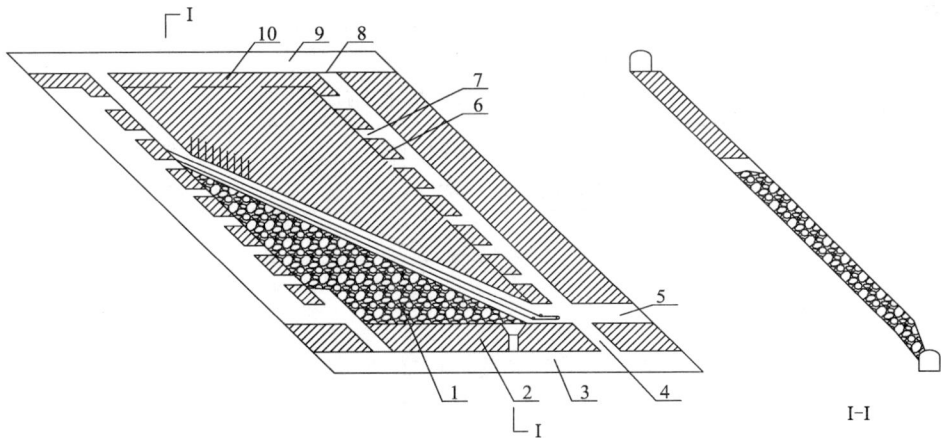

1—矿堆；2—底柱；3—阶段运输巷；4—人行井；5—切割巷；
6—间柱；7—联络巷；8—风门；9—阶段回风巷；10—顶柱。

图 7-14　伪倾斜全面留矿法

②采矿方法优选。

要通过对采矿方法方案进行经济技术评价，从可行采矿方法中选择出最优方案，达到采矿方法优化的目的。

对西北地采区段产状复杂矿段而言，全面留矿法、浅孔凿岩爆力-电耙协同运搬分段矿房采矿法、电耙-爆力协同搬运伪倾斜房柱采矿法各有其优缺点，且在实施过程中难易程度不同，各采矿方法优缺点如表 7-8 所示。参考其他类似矿山确定出浅孔爆力运搬-电耙运搬协同出矿分段矿房法、全面留矿法和电耙-爆力运搬协同出矿伪倾斜房柱法等采矿方法经济技术指标，如表 7-9 所示。

表 7-8　各采矿方法优缺点比较表

采矿方法	浅孔凿岩爆力-电耙协同运搬分段矿房采矿法	全面留矿法	电耙-爆力协同运搬伪倾斜房柱采矿法
优点	生产能力大，矿房布置方式适合倾角变化的部分产状复杂矿体	结构及生产工艺简单，管理方便；采准工程量小	采准工程量小；生产能力大；矿石运搬方式适合倾角变化的部分产状复杂矿体
缺点	采准工程量较大，工人凿岩条件差，底板矿清理困难	工人在较大暴露面下作业，安全性差；积压大量矿石，影响资金周转；矿房顶板暴露时间长，易垮落；回采后期上部三角较为难采	采高大于 3 m 时，检查顶板较困难；留矿柱多时，矿石损失较大

表 7-9　各采矿方法经济技术指标比较表

指标	浅孔凿岩爆力-电耙协同运搬分段矿房采矿法	全面留矿法	电耙-爆力协同运搬伪倾斜房柱采矿法
生产能力/$(t \cdot d^{-1})$	100	70	100
采矿工效/$(t \cdot 工班^{-1})$	6	6	6
采切比/$(m \cdot kt^{-1})$	25.7	21.3	14.96
回采率/%	69.1	72.3	74.6
贫化率/%	15	30	15
回采周期/年	1.2	1.5~2	1

对比可知,电耙-爆力协同运搬伪倾斜房柱采矿法比其他两种方案回采率高;同时,其采切比相对较低;另外,该采矿方法在生产能力、损失贫化率及生产周期的比较中也具有优势,尤其是在开采过程采场暴露面积较小,工作环境好,安全性高。该方案是传统房柱采矿法的变形方案,矿块结构布置与传统方案类似,可有效结合矿山传统房柱法的开采经验。因此,推荐三区矿段采用电耙-爆力协同搬运伪倾斜房柱采矿法。

矿山原设计采用单一房柱法进行开采,其主要技术指标中的千吨采切比、矿石回采率和废石混入率分别为 67.0 m/kt、68.3%~76.8% 和 15%。从这三个技术指标来看,单一房柱法采切工作量非常大,采矿成本高,而且只适合开采局部缓倾斜矿段,遇到倾斜或急倾斜矿段时需另行补充采切工程,易增加开采成本或者被迫丢弃造成资源浪费,无法满足整个产状复杂矿体的开采要求。

总体而言,根据产状复杂矿体分区协同开采思路,对局部矿段不同产状条件对整个矿体进行分区,在各分区内进行采矿方法优选和创新,并通过运输巷道衔接各分区系统,保证了各分区协同作业,实现了大新锰矿西北地采区段整个产状复杂矿段的安全高效回采。

7.5.4　采场内爆力运搬与电耙运搬的分界线

电耙-爆力协同搬运伪倾斜房柱采矿法为采场内爆力和电耙相互配合的矿石运搬方式。受崩落矿石、矿体倾角等因素的影响,爆力运搬率、爆力运搬距离会发生较大变化。目前爆力运距的计算通常采用苏联学者 A. B. 什契勘诺夫[4] 提出的公式:

$$l_1 = \frac{m}{2}\tan\alpha + \frac{5nw}{\cos\alpha} \tag{7-5}$$

$$l_2 = \frac{(\sin\alpha)^2\left(\dfrac{m}{2\cos\alpha} + 5nw\tan\alpha\right)}{f\cos\alpha - \sin\alpha} \tag{7-6}$$

式中:l_1 为矿石抛掷距离;m 为矿体回采厚度;n 为爆破作用指数;w 为最小抵线;α 为矿体倾角;f 为矿石运动阻力系数;l_2 为矿石重力运搬(滚动)距离。

矿石运搬距离 l 的表达式:

$$l = l_1 + l_2 \tag{7-7}$$

结合式(7-7),确定相关参数,计算得到矿石运搬距离,如表 7-10 所示。

表 7-10 运搬距离计算表

矿体倾角/(°)	爆力运距/m	重力运距/m	总运距/m
25	7.2	2.2	9.4
26	7.3	2.7	10.0
27	7.4	3.2	10.6
28	7.5	3.9	11.4
29	7.6	4.7	12.3
30	7.6	5.8	13.4
31	7.7	7.2	14.9
32	7.8	9.1	16.9
33	7.9	11.6	19.5
34	8.0	15.4	23.4
35	8.2	21.3	29.5
36	8.3	31.8	40.1
37	8.4	55.2	63.6
38	8.5	150.0	158.5
39	8.6	-313.9	-305.3
40	8.8	-85.8	-77.0

由表 7-10 可知，当矿体倾角超过 37°，重力运距出现负值，便不再适用。当矿体倾角在 25° 至 35° 之间时，可参考爆力运搬距离计算值；当倾角超过 37° 时，计算结果将无参考价值。总体来说，随着角度的增大，重力运距的作用越来越明显，即矿体倾角越大，矿石总运距越长。

不同的矿石运搬距离，与之相应的矿石运搬率也会不同。刘力等[4] 曾在东桐峪金矿对爆力运搬的效果需进行了实地测试，其测试数据如表 7-11 所示。

表 7-11 不同运搬距离的运搬效率实测值

运搬距离/m	崩落矿量/t	运搬矿量/t	运搬率/%
6	56	56.0	100
15	83.3	77.7	93.3
23	69.9	59.6	85.2

续表

运搬距离/m	崩落矿量/t	运搬矿量/t	运搬率/%
27	56	45.4	81.1
31	84	60.2	71.7
35	72	50.8	70.6
小计	421.2	349.7	83.0
37	80	51.8	64.7
39	68.5	41.3	60.3
合计	569.7	442.8	77.7

由表7-11可知,当运搬距离超过30 m时,爆力运搬的运搬率将下降到80%以下,底板矿清理工作繁重。为保证运搬距离均在30 m以内,提高矿石运搬率,将矿体分为两段,如图7-11所示,上部为A区,采用矿石主要靠爆力运搬至B区,然后采用电耙耙至溜井,上部A区沿倾向方向的斜长控制在30 m以内。

7.6 部分衔接工程的设计与布置

7.6.1 相邻矿层间矿石运搬衔接工程的设计

(1)矿石运搬系统现状

在金属矿床地下开采中,矿石运搬环节一般占其回采成本的40%左右。合理的矿石运搬系统对增加矿石出矿能力、减少矿石运搬费用具有重要作用。然而,合理的矿石运搬系统不仅需要相适应的运搬工艺,还需要合理的矿石运搬巷道为其提供支撑,甚至某些运搬巷道的布置直接决定了运搬方式。在矿体回采过程中,若矿石运搬环节存在不够系统和优化的问题,将会使运搬成本增加、出矿能力降低。因此,有必要将运搬环节在生产过程中所暴露的问题总结,并结合现场实际情况,研究出优化方案,有效促进矿石运搬费用的降低和矿房出矿能力的提高。

①Ⅰ矿矿石运搬系统特点。

Ⅰ矿利用电耙运搬矿石,采用ZDPJ-30型电耙绞车,电耙型号2JP-15,容积0.4 m³。电耙绞车布置在底柱、拉底巷道和下一中段的顶柱等三处位置。待采场崩落矿石后,先通过上山将崩落在矿房中的矿石利用电耙耙至拉底巷道,然后通过拉底巷道中布置的电耙将矿石耙至拉底巷道尽头。拉底巷道尽头与沿脉巷道间有5 m的水平距离(即平底漏斗),因此,布置三级电耙将矿石沿5 m的平底漏斗耙至漏斗口处，通过漏斗放至斗容为 0.75 m³ 的"V"形小矿车内，矿车经沿脉巷道-斜井运输至地表。其中，Ⅰ矿平均厚度 1.72 m，出矿时在厚度过薄处，通过崩落围岩达到工作面的合理工作高度。

矿块按照设计尺寸划分为若干矿房，回采矿房时留若干矿柱。待矿石崩落后，利用三级电耙将矿石运搬至脉内运输巷道，具体耙矿方向如图 7-15 所示。

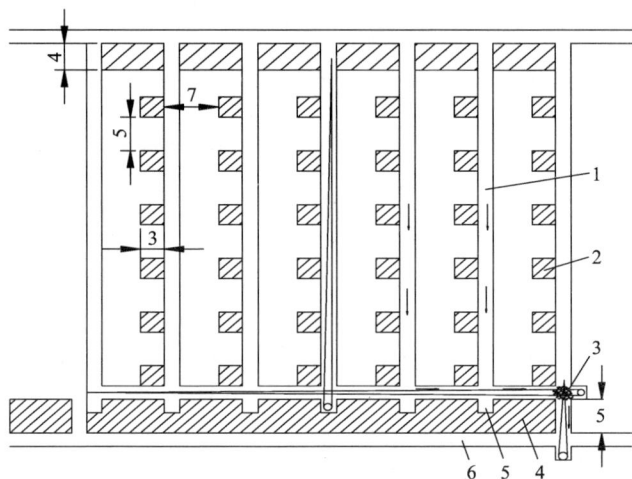

1—上山；2—矿柱；3—矿石；4—底柱；5—电耙硐室；6—脉内巷道。

图 7-15　Ⅰ矿三级电耙耙向示意图

各矿房矿石均先通过上山中的一级电耙，将矿石耙入拉底巷道；再通过拉底巷道的第二级电耙将矿石耙至拉底巷道端部；在拉底端部与脉内运输巷道间布置平底漏斗，并用第三级电耙将矿石沿平底漏斗耙至脉内运输巷道的矿车中。Ⅰ矿平底漏斗结构如图 7-16 所示。

②Ⅱ-Ⅲ矿矿石运搬系统特点。

Ⅱ-Ⅲ矿利用电耙运搬崩落矿石，采用电耙绞车型号为 ZDPJ-30 型，电耙型号 2JP-15，容积为 0.4 m³。电耙绞车布置拉底巷道和底柱中。落矿后，先沿上山将崩落在矿房中的矿石利用电耙耙至拉底巷道，再通过拉底巷道中的电耙将矿石耙入短溜井中，最后，通过底部放矿漏斗将矿石放入 0.75 m³"V"形小矿车。矿车顺沿脉巷道运行至井底车场，经斜井提升至地表。

出矿时采场预留一定垫底矿以确保人员上下，当矿体倾角过大时，根据实际情况一般多留矿石，方便凿岩工开展凿岩工作。出矿过程中为防止大块矿石堵塞放矿漏斗，对大于 350 mm 的矿石需进行二次破碎。

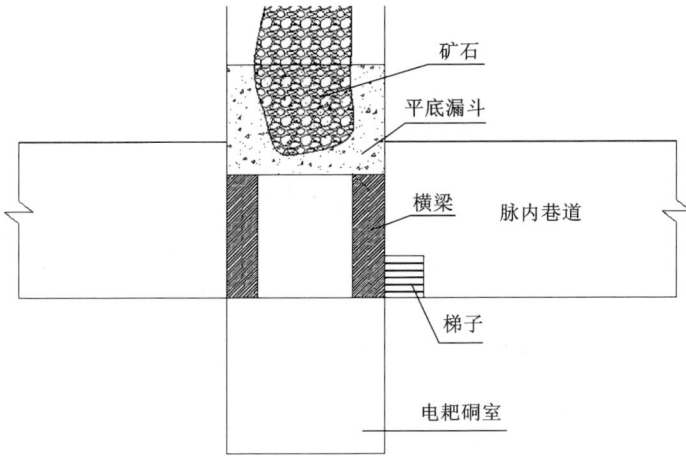

图 7-16　Ⅰ矿平底漏斗结构示意图

　　Ⅱ-Ⅲ矿崩落的矿石利用二级电耙运搬，施工人员由脉内运输巷道经联络人行上山和联络道到达Ⅱ-Ⅲ矿各个矿房开展凿岩、爆破、运搬等施工作业。沿脉巷道布置如图 7-17 所示。

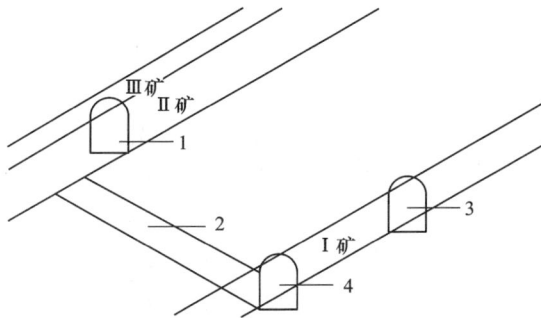

1—Ⅱ、Ⅲ矿拉底巷道；2—Ⅱ、Ⅲ矿联络上山；3—Ⅰ矿拉底巷道；4—脉内巷道。
图 7-17　沿脉巷道剖面图

　　矿房中崩落的矿石由第一级电耙沿切割上山耙至拉底巷道中，再通过布置在拉底巷道中的第二级电耙将矿石耙到短溜井中，处于溜井中的矿石经下部的放矿漏斗放入矿车中，如图 7-18 所示(Ⅱ-Ⅲ矿短溜井漏斗布置方式)。Ⅱ-Ⅲ矿赋存于Ⅰ矿上部 10 m 处，因此，有条件通过设置短溜井将矿石沿溜井从底部漏斗结构中放出。

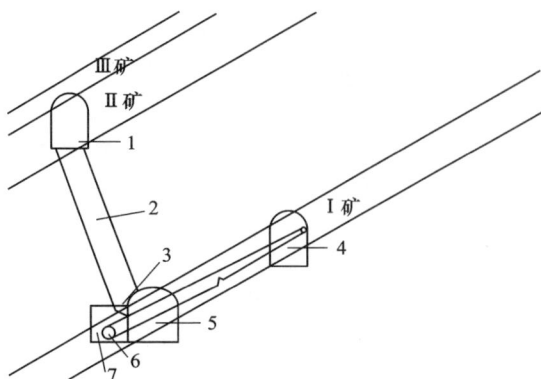

1—Ⅱ-Ⅲ矿拉底巷道；2—Ⅱ-Ⅲ矿短溜井；3—漏斗；
4—Ⅰ矿拉底巷道；5—脉内巷道；6—电耙绞车；7—电耙硐室。

图 7-18　Ⅱ-Ⅲ矿短溜井漏斗布置方式剖面图

从脉内运输巷道通往Ⅱ-Ⅲ矿的联络上山反向掘进，可以减少掘进距离。溜井布置垂直于矿体倾向，以实现掘进最短。

（2）目前运搬系统存在的问题

①Ⅰ矿采用三级电耙运搬矿石，Ⅱ-Ⅲ矿采用二级电耙运搬矿石，且两者之间未形成同一系统，属独立的矿石运搬系统。独立运搬系统加大组织管理难度，增加生产成本。特别是Ⅰ矿利用三级电耙运搬系统将矿石多次转运、Ⅰ矿的第三级电耙耙矿距离短，降低电耙使用效率，增加矿石转运过程中的耙矿损失以及高品位锰粉矿流失，导致矿石品位及回采率下降，造成资源浪费。三次转运矿石过程中，由于电耙单独作业，使得生产管理复杂，时间利用率低下，矿石生产成本增加。

②Ⅰ矿的平底漏斗无储存矿石的能力，导致生产组织失衡，人员利用不合理；Ⅱ-Ⅲ矿为短溜井漏斗，未从系统角度出发考虑溜井布置问题。

③Ⅰ矿与Ⅱ-Ⅲ矿采用不同的运搬系统，导致运搬系统基建费用增加、过程管理及维护费用增加，能耗损失增加，出矿效率低下。

（3）优化设计方案初选

①设置溜槽，使矿石自溜角度变缓。

设置溜槽代替平底漏斗，利用溜槽摩擦系数小，可实现小角度自溜的特点放送矿石，以此去除第三级电耙。在拉底巷道端部设置受矿结构，并铺设溜槽通至脉内运输巷道。由于溜槽改变了矿石自溜角，使得由拉底巷道耙至受矿结构中的矿石能够在设置的溜槽面中依靠自身重力滑动至脉内巷道受矿结构处，溜槽布置方式如图 7-19 所示。

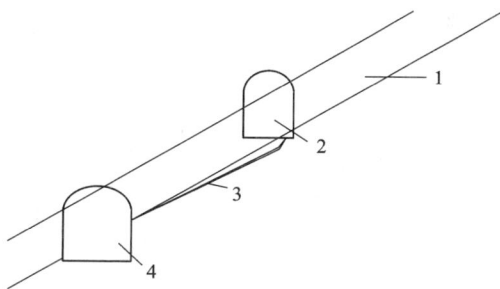

1—Ⅰ矿；2—拉底巷道；3—溜槽结构面；4—沿脉巷道。

图 7-19　溜槽布置方式

②改变Ⅰ矿底柱结构，去除第三级电耙。

改变采场底柱结构参数，使其成为上底为 2 m、下底为 8 m 的梯形结构，方案如图 7-20 所示。

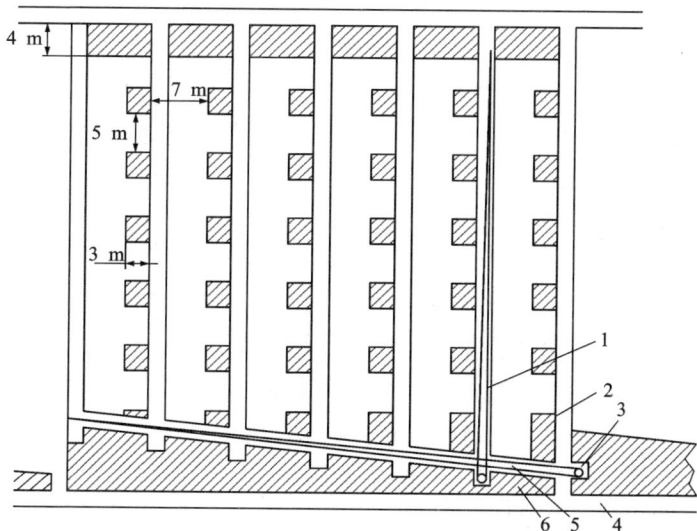

1—上山；2—矿柱；3—电耙硐室；4—沿脉巷道；5—拉底巷道；6—底柱。

图 7-20　Ⅰ矿二级电耙耙向优化示意图

为保证采场稳定性，底柱为 2 m 处所对应的矿柱需相应选取较大尺寸。

矿房崩落的矿石先由布置在上山中的电耙耙至拉底巷道，再通过布置在拉底巷道内的电耙将其集中耙至底柱为 2 m 一侧对应的拉底巷道端部，最后使矿石能在劳动工人简单的耙矿作业下耙至矿车中。通过缩短底柱宽度，以达到矿石滑落面与水平面角度调整为约 40°的目的，Ⅰ矿二级电耙优化布置方案如图 7-21 所示。为避免矿石自溜滑至脉内巷道，在矿石不装车时，放矿口需用木板拦堵。

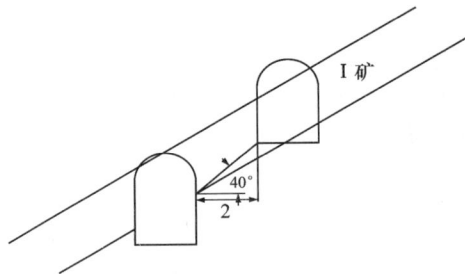

1—拉底巷道；2—矿石滑落面；3—沿脉巷道。

图 7-21　Ⅰ矿二级电耙优化布置剖面示意图

该方案结合矿石自然安息角设计，减少第三级电耙，使生产组织更简单、合理，且拉底巷道与地面的为倾斜关系，有利于电耙耙矿。

技术难点在于：

（a）拉底巷道未按脉内巷道方向平行掘进，使凿岩工作复杂，技术要求高。

（b）出矿口底柱为 2 m，要求此处对应矿柱需留取较大尺寸。

（c）耙出矿口对应上山内的矿时，利用布置于拉底巷道电耙硐室的电耙绞车，通过导向滑轮实现方向改变。

③掘进短穿脉巷道。

从脉内运输巷道掘进一条长度为 20 m 的短穿脉巷道，使其穿过拉底巷道底部，并向前延伸 15 m，以满足穿脉存储一列矿车的所需长度。漏斗布置于拉底巷道底部，从而使矿石满足自然安息角的要求且能够自然地从放矿漏斗中放出。

矿房崩落的矿石通过布置在上山中的电耙耙至拉底巷道，再通过拉底巷道中的电耙集中耙至放矿漏斗中，从放矿漏斗将矿石装入沿脉运输巷道内的矿车。以此达到去除第三级电耙的目的。Ⅰ矿二级电耙优化布置如图 7-22 所示。

注意：掘进短穿脉巷道时，需有一定的角度，能够使空车上坡，重车下坡。

技术难点：

（a）矿车装车时须人工将矿车推至穿脉巷道中，因此穿脉巷道的设计，需留一定角度，确保空车上坡、重车下坡。

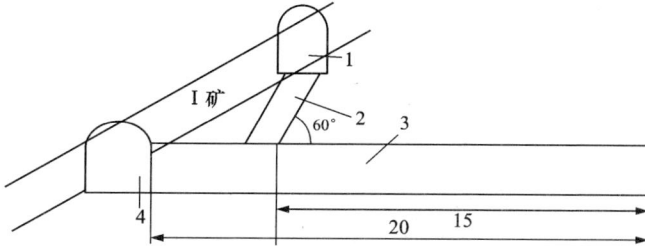

1—拉底巷道；2—溜井；3—穿脉巷道；4—沿脉巷道。

图 7-22　I 矿二级电耙优化侧视图

（b）穿脉巷道与沿脉巷道连接复杂，运输变轨次数较多，巷道掘进费用较高。

④弧形弯道方案。

从脉内运输巷道一侧掘进一条 20 m 长的弧形巷道，使其经过拉底巷道底部。弧形巷道转弯半径 15 m，具体布置如图 7-23、图 7-24 所示。在弧形巷道对应拉底巷道底部处设置漏斗，从而使矿石满足自然安息角的要求能够自然地从放矿漏斗中放出。

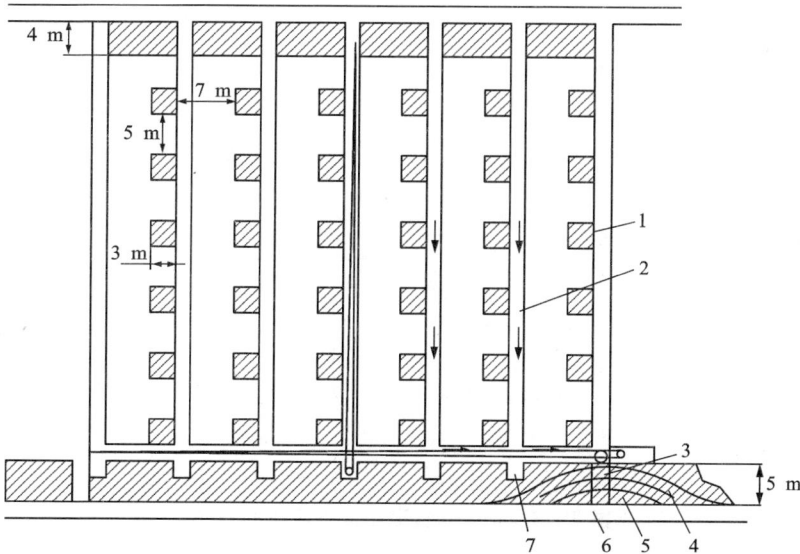

1—矿柱；2—上山；3—人行联络道；4—采准巷道；5—底柱；6—脉内巷道；7—电耙硐室。

图 7-23　I 矿二级电耙优化示意图

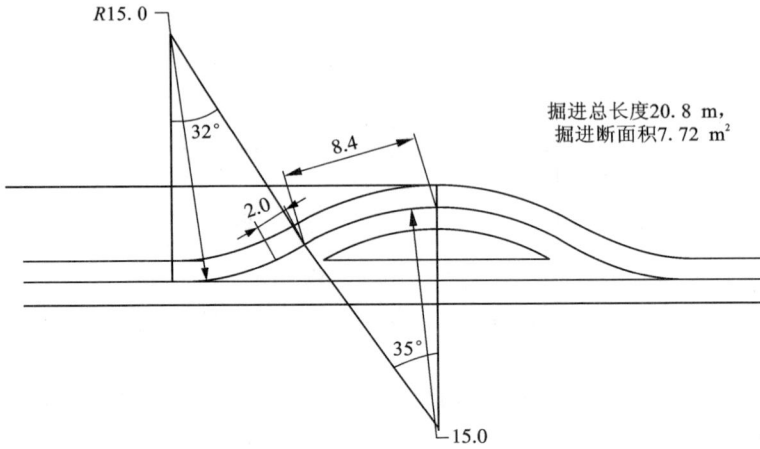

图 7-24　I 矿二级电耙优化弯道工程图

从脉内巷道底部掘进一条长 4.6 m，倾角 60° 的人行联络天井，使其通达电耙硐室，供行人经电耙硐室到达采场。

I 矿人行联络天井工程布置如图 7-25 所示。

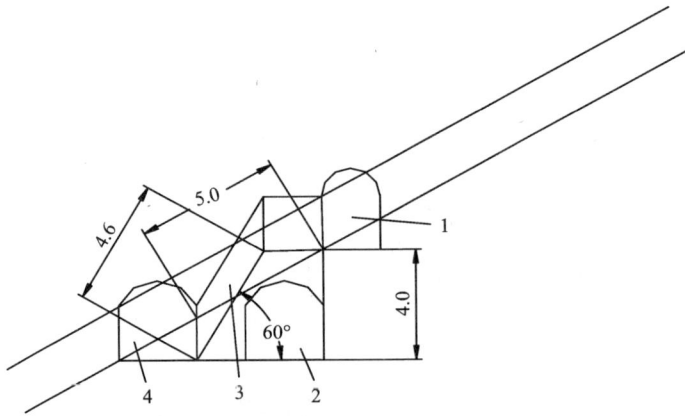

1—拉底巷道；2—采准巷道；3—人行联络道；4—脉内巷道。

图 7-25　I 矿人行联络天井工程布置图

矿房崩落的矿石通过布置在上山中的电耙耙至拉底巷道，再通过拉底巷道中的电耙集中耙至放矿漏斗中，从放矿漏斗将矿石装入半环形巷道内的矿车。以此，达到去除第三级电耙的目的。

为了矿车能够进入半环形巷道装矿，在巷道内需铺设轨道，因此，基建费用较高。半环形巷道掘进费用、巷道支护费用等较高。

⑤下盘沿脉 a 方案。

布置下盘脉外运输巷道代替现有脉内运输巷道,并将原有 Ⅰ 矿布置的顶柱 4 m、底柱 5 m 优化为 Ⅰ 矿顶底柱 6 m。Ⅰ 矿联络上山通过 Ⅱ - Ⅲ 矿联络上山再通过 Ⅰ 矿顶底柱到达拉底巷道,如图 7-26 所示。由于脉内运输巷道下移,使得拉底巷道与下盘脉外运输巷道之间有足够的距离和角度布置短溜井,从而达到去除原有第三级电耙的目的。Ⅱ - Ⅲ 矿结构保持不变,其出矿结构也不做改变。

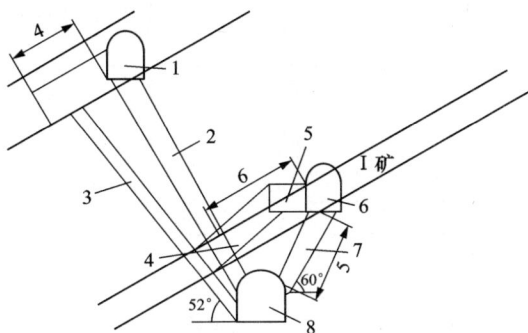

1—Ⅱ-Ⅲ矿拉底巷道;2—Ⅱ-Ⅲ矿短溜井;3—Ⅱ-Ⅲ矿联络上山;
4—Ⅰ矿联络上山;5—电耙硐室;6—Ⅰ矿拉底巷道;7—Ⅰ矿短溜
井;8—脉外巷道。

图 7-26　下盘运输巷道优化方案工程布置图

Ⅰ 矿矿房内崩落的矿石,通过布置在上山中的电耙耙至拉底巷道,再由拉底巷道中的电耙集中耙至短溜井中,从放矿漏斗将矿石装入 0.75 m³ 的矿车中,下盘运输巷道优化方案工程布置如图 7-27 所示。由于 Ⅰ 矿底柱和顶柱减少为 6 m,使得矿块回收率增加。

技术难点在于下盘沿脉巷道掘进技术要求增加。

增加工程量:Ⅰ 矿短溜井 5 m;Ⅰ 矿人行天井 6 m;Ⅱ - Ⅲ 矿短溜井 2 m;Ⅱ - Ⅲ 矿联络上山 3 m。对方案计算分析可知,该方案不仅可省去第三级电耙,使得矿石运搬系统更系统化,也可增加矿石回收量,减少矿石运搬费用。

⑥下盘沿脉 b 方案。

该方案与下盘沿脉方案 a 类似,布置下盘脉外运输巷道代替现有脉内运输巷道,并将原有 Ⅰ 矿布置的顶柱 4 m、底柱 5 m,优化为 Ⅰ 矿顶底柱 6 m。Ⅰ 矿联络上山通过 Ⅱ - Ⅲ 矿联络上山再通过 Ⅰ 矿顶底柱到达拉底巷道,人行联络上山布置如图 7-28 所示。

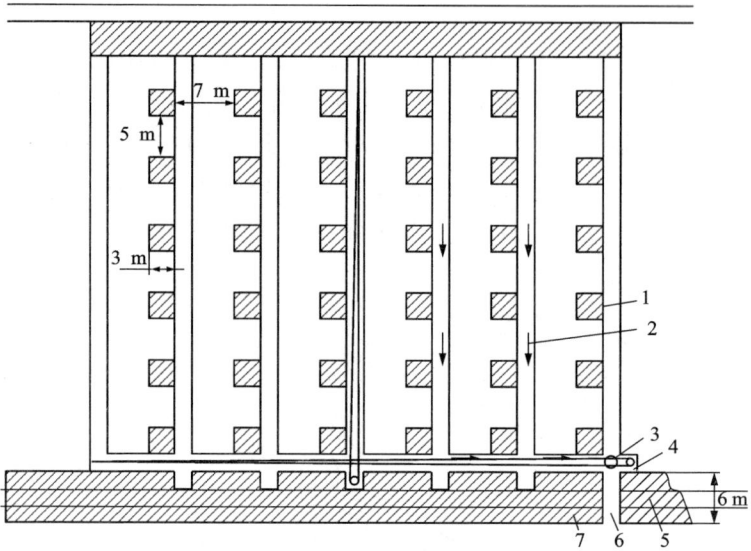

1—矿柱；2—上山；3—溜井；4—电耙硐室；5—脉外巷道；6—联络上山；7—顶底柱。

图 7-27　Ⅰ矿二级电耙耙向示意图

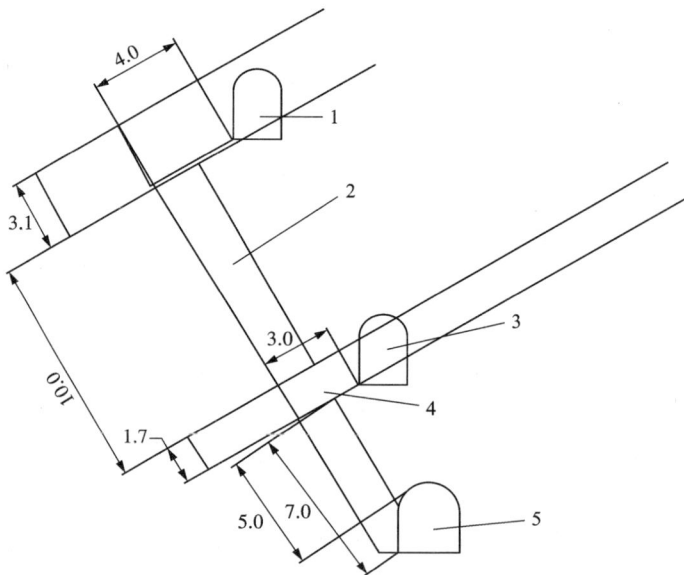

1—Ⅱ-Ⅲ矿拉底巷道；2—Ⅱ-Ⅲ矿联络上山；3—Ⅰ矿拉底巷道；

4—Ⅰ矿联络上山；5—下盘沿脉运输巷道。

图 7-28　人行联络上山布置示意图

将脉内运输巷道垂直下移 5 m，Ⅱ-Ⅲ矿与Ⅰ矿共用溜井，采用瀑布方式连接布置如图 7-29 所示。Ⅱ-Ⅲ矿结构保持不变，其出矿结构也不做改变。

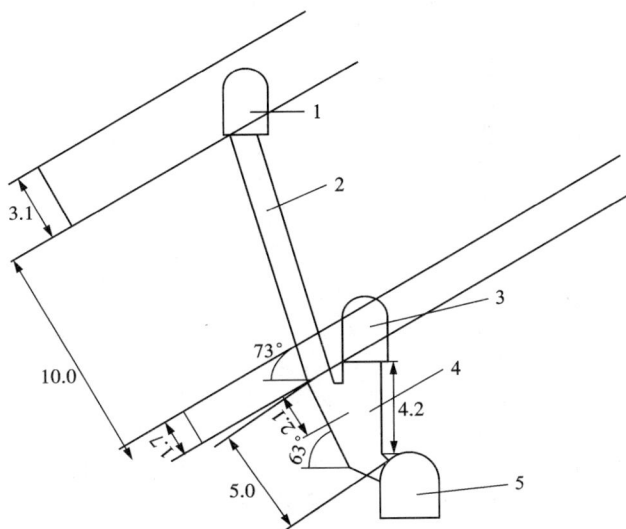

1—Ⅱ-Ⅲ矿拉底巷道；2—Ⅱ-Ⅲ矿溜井；3—Ⅰ矿拉底巷道；4—Ⅰ矿溜井；5—下盘沿脉运输巷道。

图 7-29　瀑布式溜井布置示意图

Ⅰ矿矿房内崩落的矿石，通过布置在上山中的电耙耙至拉底巷道，再由拉底巷道中的电耙集中耙至瀑布式溜井中，并从共用放矿漏斗中将矿石装入 0.75 m³ 矿车，Ⅰ矿二级电耙耙向如图 7-30 所示。

(4)优化设计方案优选

将各初选方案按其优缺点、增加工程量、减少工程量和资金预算等进行经济合理分析比较(表 7-12)，按照比较结果进行方案优选。

表 7-12　经济合理分析比较表

方案	优点	缺点	增加工程量	减少工程量
运搬现状	工艺简单、操作方便	三次转运，高品位粉矿损失大、电能消耗大	—	—
掘进短穿脉	减少第三级电耙	掘进穿脉费用高	穿脉巷道	电耙硐室一个
设置溜槽	成本低,出矿工艺简单	安装溜槽复杂	受矿结构	电耙硐室一个

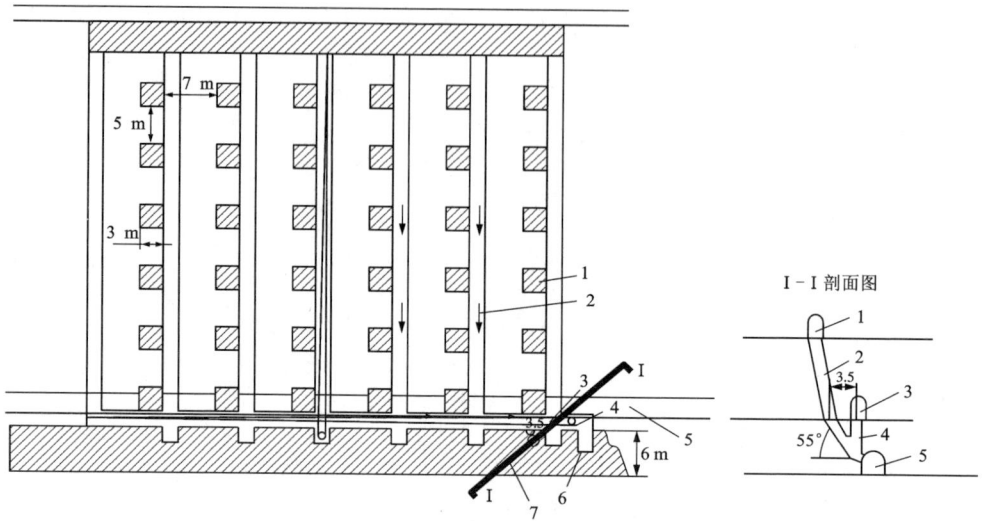

1—矿柱；2—上山；3—Ⅰ矿短溜井；4—电耙硐室；5—下盘运输巷道；6—联络上山；7—Ⅱ-Ⅲ矿短溜井。

图 7-30　Ⅰ矿二级电耙耙向示意图

续表

方案	优点	缺点	增加工程量	减少工程量
改变Ⅰ矿底柱结构	电耙级数减少一级，从而减少电能	掘进拉底巷道工艺复杂	底部受矿结构	电耙硐室一个
弧形弯道	出矿工艺简单	掘进巷道费用高	弧形巷道	电耙硐室一个
下盘沿脉运输巷道	出矿工艺简单、矿石回收率高、利润大	—	Ⅰ矿短溜井；Ⅰ矿人行天井	电耙硐室一个、第三级电耙

　　Ⅰ矿三级电耙的耙矿能力为 150 斗/工班，Ⅱ-Ⅲ矿两级电耙的耙矿能力为 375 斗/工班。结合各方案经济合理分析、Ⅰ矿工程量现状（表 7-13）和现场运搬调查数据，可对初选的方案进行优化选择。

　　优化选择方案为：弧形弯道方案、下盘沿脉运输巷道 a 方案和下盘沿脉运输巷道 b 方案。将各优化方案的经济技术参数与Ⅰ矿现有经济技术参数进行比较，如表 7-14、表 7-15 和表 7-16 所示。

表 7-13　Ⅰ矿工程量现状表

工程阶段	工程名称	断面规格/(m×m)	巷道数目	长度/m 岩石中 单长	长度/m 岩石中 总长	长度/m 矿石中 单长	长度/m 矿石中 总长	断面面积/m²	体积/m³ 岩石中	体积/m³ 矿石中	体积/m³ 合计
开拓	脉内沿脉	2.7×3	1	0	0	60	60	7.72	0	463.2	463.2
开拓	小计		1		0		60		0	463.2	463.2
采准	电耙硐室	2×2	7	2	2	2	12	4	8	48	56
采准	平底漏斗	2.7×3	1	0	0	5	5	7.72	0	38.6	38.6
采准	小计		8		2		17		8	86.6	94.6
切割	切割上山	2×2	6	0	0	47	282	4	0	1128	1128
切割	横穿	2×2	12	0	0	8	96	4	0	384	384
切割	拉底巷道	2×2	1	0	0	60	60	4	0	240	240
切割	小计		19		0		438		0	1752	1752
合计			28		2		515		8	2301.08	2309.8
矿块采出矿量/t			17211.2								
采切比/(m·kt⁻¹)			26.55								
矿石回收率/%			76.8								

表 7-14　弧形弯道方案工程量表

工程阶段	工程名称	断面规格/(m×m)	巷道数目	长度/m 岩石中 单长	长度/m 岩石中 总长	长度/m 矿石中 单长	长度/m 矿石中 总长	断面面积/m²	体积/m³ 岩石中	体积/m³ 矿石中	体积/m³ 合计
开拓	脉内沿脉	2.7×3	1	0	0	60	60	7.72	0	463.2	463.2
开拓	小计		1		0		60		0	463.2	463.2
采准	电耙硐室	2×2	7			2	14	4	0	56	56
采准	人行天井	2×2	1	5	5	0	0	4	20	0	20
采准	短溜井	1.5×1.5	1	2.5	2.5	0	0	2.15	5.4	0	5.4
采准	弯形巷道	2.7×3	1	20	20	0	0	7.72	154.6	0	154.6
采准	小计		10		27.5		14		180	56	236

续表

工程阶段	工程名称	断面规格/(m×m)	巷道数目	长度/m 岩石中 单长	长度/m 岩石中 总长	长度/m 矿石中 单长	长度/m 矿石中 总长	断面面积/m²	体积/m³ 岩石中	体积/m³ 矿石中	体积/m³ 合计
切割	切割上山	2×2	6	0	0	47	282	4	0	1128	1128
	横穿	2×2	12	0	0	8	96	4	0	384	384
	拉底巷道	2×2	1	0	0	60	60	4	0	240	240
	小计		19		0		438		0	1752	1752
合计			30		27.5		452	180	2271.2	2451.2
矿块采出矿量/t		17211.2									
采切比/(m·kt⁻¹)		27.86									
矿石回收率/%		76.8									

表 7-15 下盘沿脉巷道 a 方案工程量表

工程阶段	工程名称	断面规格/(m×m)	巷道数目	长度/m 岩石中 单长	长度/m 岩石中 总长	长度/m 矿石中 单长	长度/m 矿石中 总长	断面面积/m²	体积/m³ 岩石中	体积/m³ 矿石中	体积/m³ 合计
开拓	脉外沿脉	2.7×3	1	60	60	0	0	7.72	463.2	0	463.2
	小计		1		60		0		463.2	0	463.2
采准	电耙硐室	2×2	7			2	14	4		56	56
	短溜井	1.5×1.5	1	5	5	0	0	2.15	10.75	0	10.75
	联络道	2×2	1	4	4	6	6	4	16	24	40
	小计		9		9		20		26.75	80	106.75
切割	切割上山	2×2	6	0	0	47	282	4	0	1128	1128
	横穿	2×2	12	0	0	8	96	4	0	384	384
	拉底巷道	2×2	1	0	0	60	60	4	0	240	240
	小计		19		0		438		0	1752	1752
合计			29		9		458	489.95	1832	2321.95
矿块采出矿量/t		18277.6									
采切比/(m·kt⁻¹)		25.55									
矿石回收率/%		81.67									

注：因布置的是下盘运输巷道，Ⅱ-Ⅲ矿的短溜井掘进的长度增加了 3 m。

表 7-16　下盘沿脉巷道 b 方案工程量表

工程阶段	工程名称	断面规格 /(m×m)	巷道数目	长度/m				断面面积 /m²	体积/m³		
				岩石中		矿石中			岩石中	矿石中	合计
				单长	总长	单长	总长				
开拓	脉外巷道	2.7×3	1	60	60	0	0	7.72	463.2	0	463.2
	小计		1		60		0		463.2	0	463.2
采准	电耙硐室	2×2	7	0	0	2	14	4	0	56	56
	短溜井	1.5×1.5	1	4	4	0	0	2.15	8.6	0	8.6
	联络道	2×2	1	7	7	3	3	4	28	12	40
	小计		9		11		17		36.6	68	104.6
切割	切割上山	2×2	6	0	0	47	282	4	0	1128	1128
	横穿	2×2	12	0	0	8	96	4	0	384	384
	拉底巷道	2×2	1	0	0	60	60	4	0	240	240
	小计		19		0		438		0	1752	1752
合计			29		71		455		499.8	1820	2319.8
矿块采出矿量/t			18277.6								
采切比/(m·kt⁻¹)			25.49								
矿石回收率/%			81.67								

注：因布置的是下盘运输巷道，Ⅱ-Ⅲ矿的短溜井掘进的长度增加了 2 m。

（5）优化方案终选

将各优化方案的经济技术参数与Ⅰ矿现有经济技术参数进行比较，各方案技术经济比较表如表 7-17 所示。利用矿山开拓、采切各环节工程费用单价计算各方案投资成本及盈亏情况。各方案成本及盈亏情况比较如表 7-18 所示。

表 7-17　各方案技术经济比较表

名称		弧形弯道方案	下盘沿脉 a 方案	下盘沿脉 b 方案	工程现状
采切工程量 /m³	采切量	1988	1858.76	1856.6	1846.6
	增加量	141.4	12.16	10	
采切比 /%	采切比	27.86	25.55	25.49	26.55
	增加量	1.31	-1.0	-1.06	

续表

名称		弧形弯道方案	下盘沿脉 a 方案	下盘沿脉 b 方案	工程现状
采出矿石量 /t	采出量	17211.2	18277.6	18277.6	17211.2
	增加量	0	1066.4	1066.4	
开拓工程量 /m³	开拓量	463.2	463.2	463.2	463.2
	增加量	0	0	0	
矿石回收率 /%	回收率	76.86	81.67	81.67	76.86
	增加量	0	4.81	4.81	
I 矿运搬效率 （斗/工班）	效率	375	375	375	150
	增加量	225	225	225	

表 7-18 各方案成本及盈亏情况比较表

名称		弧形弯道方案	下盘沿脉 a 方案	下盘沿脉 b 方案	工程现状
平巷掘进量	掘进量/m³	1297.8	1143.2	1143.2	1143.2
	增加量/m³	154.6	0	0	
	增加成本 （235 元/m³）/元	36331	0	0	0
天溜井	工程量/m³	25.4	50.75	48.6	0
	增加量/m³	25.4	50.75	48.6	
	增加成本 （440 元/m³）/元	11176	22330	21384	0
上山工程量	工程量/m³	1128	1168	1168	1166.6
	增加量/m³	-38.6	1.4	1.4	
	增加成本 350 元/m³	-13510	490	490	0
矿回收量	回收量/t	17211.2	18277.6	18277.6	17211.2
	增加量/t	0	1066.4	1066.4	
	回收利润增量 （165 元/t）/元	0	175956	175956	0

续表

名称		弧形弯道方案	下盘沿脉 a 方案	下盘沿脉 b 方案	工程现状
增加成本	Ⅱ、Ⅲ矿溜井增加量/m³	0	6.75	7.87	0
	增加费用/元	0	2970	3463	
	沿脉掘进增加总费用(废石)/元	0	50308	60308	
减少成本	漏斗减少成本/元	0	0	2000	0
方案盈亏/元		−33997	69858	72311	0

对表 7-17、表 7-18 进行综合分析、比较可知:

①弧形弯道方案。

弧形弯道方案将Ⅰ矿出矿系统变为二级电耙形式,去除了第三级电耙,使得弧形弯道出矿结构与Ⅱ-Ⅲ矿出矿结构一样,均为溜井放矿。Ⅱ-Ⅲ矿的出矿能力为 375 斗/工班,因此,下盘沿脉巷道电耙耙矿的能力为 375 斗/工班。该优化方案使Ⅰ矿的出矿能力由原有的 150 斗/工班变为了 375 斗/工班。

该方案与Ⅰ矿工程量现状相比,采切工程量增加 141.4 m³,采切比增加 1.31%,采出矿石量和矿石回收率保持不变,电耙运搬效率增加 225 斗/工班。该运搬系统优化方案较现有工程方案,每矿块需增加投资费用 33997 元。

②下盘沿脉运输巷道 a 方案(Ⅰ矿与Ⅱ-Ⅲ矿分用溜井)。

下盘沿脉巷道优化方案将Ⅰ矿的出矿系统变为二级电耙形式,去除了第三级电耙,使得下盘沿脉运输巷道方案出矿结构与现有Ⅱ-Ⅲ矿出矿结构一样,均为溜井放矿,所以下盘沿脉巷道电耙耙矿的能力为 375 斗/工班。该优化方案使Ⅰ矿的出矿能力由原有的 150 斗/工班变为了 375 斗/工班。

该方案与Ⅰ矿工程量现状相比,采切工程量增加 12.16 m³,但,采切比减少 1.0%,采出矿石量增加 1066.4 t,矿石回收率增加 4.81%,同时电耙运搬效率增加 225 斗/工班。该运搬系统优化方案较现有工程方案,每矿块可获得盈利 69858 元。

③下盘沿脉运输巷道 b 方案(Ⅰ矿与Ⅱ-Ⅲ矿共用溜井)。

该方案在下盘沿脉运输巷道 a 方案的基础上,将下盘沿脉运输巷道下移 5 m (垂距),并对Ⅰ矿与Ⅱ-Ⅲ矿布置共用瀑布式溜井,使Ⅰ矿的出矿系统变为二级电耙形式。该方案使Ⅰ矿的出矿能力由原有的 150 斗/工班变为了 375 斗/工班。

该方案与Ⅰ矿工程量现状相比,采切工程量增加 12.16 m³,但,采切比减少

1.0%，采出矿石量增加 1066.4 t，矿石回收率增加 4.81%，同时电耙运搬效率增加 225 斗/工班。该运搬系统优化方案较现有工程方案，每矿块可获得盈利 72311 元。

综合各方案技术经济比较（表 7-17）、各方案成本及盈亏情况（表 7-18）与矿山开采技术现状，可确定布置下盘沿脉运输巷道 b 方案为最优方案。

该方案通过在 I 矿与 II - III 矿之间布置合理的瀑布式溜井衔接工程，不仅可省去第三级电耙，而且使 I 矿与 II - III 矿共用一个溜井出矿，使得矿石运搬方式更系统化、经济化，实现 I 矿与 II - III 矿矿石运搬协同。同时方案也可增加矿石回收量，增加经济效益，减少矿石运搬费用。

虽然该方案对巷道施工和探矿工程等技术要求高，但矿山目前正大力推行坑内钻并加大对地质人员技术的培养，可避免方案因地质技术不成熟而带来的损失。因此，该方案具有很大的经济效益和很好的应用前景。

7.6.2　局部构造区域衔接工程的布置

以产状复杂矿段北翼 II 矿东部采场共施工三条上山的 1# 上山为例（图 7-31），阐述局部构造区域衔接工程的布置。

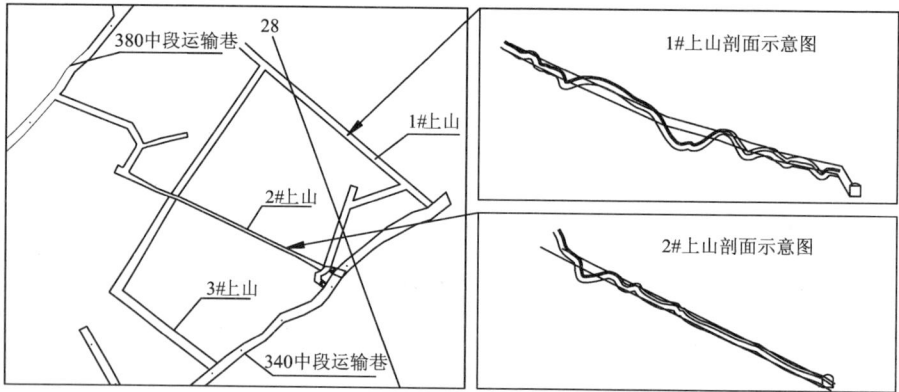

图 7-31　矿块上山剖面示意图

从 1# 上山的剖面图看出，上山边路的矿体均有不同程度的褶皱构造，褶皱构造多达七处，其中有三组起伏较大，对开采工程顺利实施影响较大。

在图 7-31 中，根据 1# 上山揭露的矿体特征，对开采顺序影响较大的是位于中部的下凹褶皱构造，因此将矿段分为三段回采，如图 7-32 所示。

回采分为三步：

（1）第一步回采上部矿体，先对上山进行挑顶落矿创造自由面，然后在矿体两侧施工逆倾向上向炮眼向上山处劈帮，上山两侧毛石不采，采场最后形成"T"

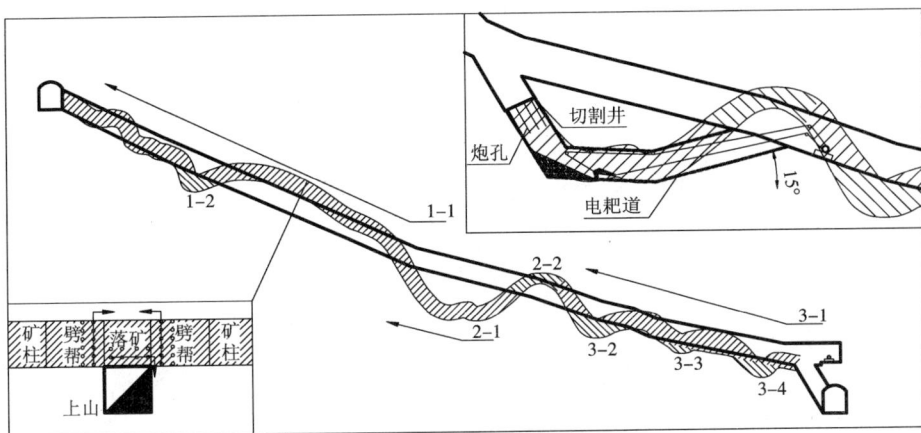

图 7-32　衔接工程布置剖面示意图

形(见图 7-32 左下角);

(2)第二步回采下凹矿体,该处需在下盘掘进倾角-15°的电耙道,并沿矿体倾向掘进规格为 2 m×2 m 的切割巷、切割井,并布置一台电耙辅助开采。回采时先回采上盘倾斜矿段,即以切割井为自由面施工沿倾向下向炮眼,采下矿石由辅助电耙耙运至采场上山中;然后以电耙道为自由面回采电耙道两侧矿石;接着以切割巷为自由面回采底部矿段,此时需注意顶板围岩稳定性,必要时需保留矿柱;最后对电耙道处上凸矿段进行落矿;

(3)第三步回采下部矿体,其中先回采上山两侧矿体,下凹矿段最后自下而上依次开采。

上述开采顺序可保证工作面的暴露面积和暴露时间,同时确保了矿体的安全高效回采。

该矿块衔接工程的布置方式和矿石回采顺序设定,可为其他局部构造区域的衔接工程布设提供重要的指导作用。

参考文献

[1] 陈庆发,李世轩,胡华瑞,等. 浅孔凿岩爆力-电耙协同运搬分段矿房法. 中国: 201611103740.3[P]. 2016-12-05.

[2] 陈庆发,刘俊广,黎永杰,等. 电耙-爆力协同运搬伪倾斜房柱式采矿法. 中国: 201610577976.4[P]. 2016-07-21.

[3] 陈庆发. 金属矿床地下开采协同采矿方法[M]. 北京:科学出版社,2018.

[4] 刘力,闵树发,李创平,等. 浅孔爆力运搬采矿方法试验研究[J]. 黄金,1995,6(7):15-20.

第 8 章
产状复杂矿体采空区处理方案与实施

西北地采区段内的产状复杂矿段一共划分为 +460 m、+445 m、+420 m、+385 m 和 +340 m 五个阶段，其中 +460 m 阶段资源采用露采方式开采完毕；+420 m 阶段资源部分采用露采方式开采完毕，另一部分采用地采方式；+385 m 阶段矿体北翼和西端弯部已开采完毕，南翼矿段存在部分矿块待开采；+340 m 阶段试采，涉及矿块的编号有 56、57、58、59、60、61、76、77、78、79。

产状复杂矿体分区协同开采工程以西北地采区段 +340 m 阶段为实践对象。本章所述产状复杂矿体采空区处理范围包括西北地采区段 +340 m 水平至 +420 m 水平。

8.1 产状复杂矿段采空区综合信息

（1）产状复杂矿段现存空区概况

西北地采区段矿层为 Ⅰ 矿层、Ⅱ - Ⅲ 矿层，开采现状纵投影图如图 8-1 所示。开采后形成的采空区分布情况也与图 8-1 采场分布基本一致。

采空区分布根据矿体的倾角及走向分为南北两翼。北翼 Ⅰ 矿层 35 号矿块以东的采空区未编号，将其编号为 36、37、38；北翼矿段 Ⅱ - Ⅲ 矿层 385 阶段采空区未编号，将其编号为 72、73、74、75。

北翼：Ⅰ 矿层采空区具体包括：+445 m 阶段矿块编号 20 至 25，+420 m 阶段矿块编号 26 至 31，+385 m 阶段矿块编号 32 至 38，+340 m 阶段矿块编号 40 至 42；Ⅱ - Ⅲ 矿层采空区具体包括：+445 m 阶段矿块编号 62 至 65，+420 m 阶段矿块编号 66 至 71，+385 m 阶段矿块编号 72 至 75。

南翼：Ⅰ 矿层采空区具体包括：+385 m 阶段矿块编号 1、2 和 9，+340 m 阶段矿块编号 12；Ⅱ - Ⅲ 矿层采空区具体包括：+385 m 阶段矿块编号 49 至 51，+340 m 阶段矿块编号 52 至 55。

（2）产状复杂矿段空区围岩质量

2014 年马鞍山矿山研究院岩土工程测试中心对 Ⅲ 矿体顶板、Ⅱ 矿体、夹 Ⅰ 岩体和 Ⅰ 矿体底板四组围岩质量进行分级。

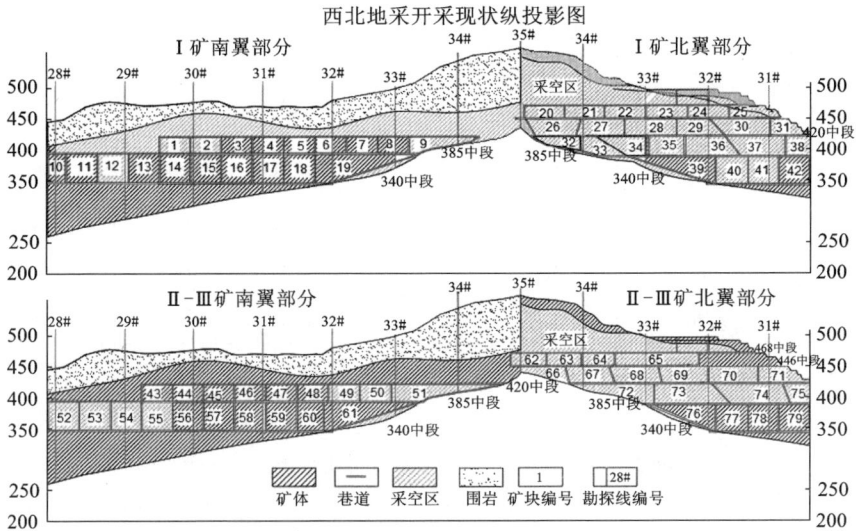

图 8-1　产状复杂矿段空区分布情况纵投影图

①RQD 分级结果。

岩体质量 RQD 分级结果如表 8-1 所示。

表 8-1　岩体质量 RQD 分级结果

打分项	Ⅲ矿体顶板	Ⅱ矿体	夹Ⅰ岩体	Ⅰ矿体底板
节理面的密度/(条·m^{-1})	16.83	3.72	5.39	2.72
RQD 均值/%	49.85	94.58	89.77	96.91
岩体质量	差	很好	好	很好

由表 8-1 可知，Ⅲ矿体顶板岩体质量差，RQD 均值仅为 49.85%；Ⅱ矿体、夹Ⅰ岩体和Ⅰ矿体底板岩体 RQD 均值均超过或接近 90%，表明岩体质量很好。

②RMR 分级结果。

岩体质量 RMR 分解结果如表 8-2 所示。

表 8-2 岩体质量 RMR 分级结果

打分项		Ⅲ矿体顶板	Ⅱ矿体	夹Ⅰ岩体	Ⅰ矿体底板
单轴抗压强度	MPa	39.99	100.24	34.69	31.32
	评分	4	12	4	4
RQD /%	%	49.85	94.58	89.77	96.91
	评分	8	20	17	20
裂隙间距	m	0.059	0.27	0.19	0.37
	评分	5	10	8	10
节理性状	节理长度/m	一般小于1 m	一般小于1 m	一般小于1 m	一般小于1 m
	评分	5	5	5	5
	张开度/mm	1	2~20	2	5~20
	评分	1	1	1	0
	粗糙度	光滑	光滑	光滑	光滑
	评分	1	1	1	1
	充填物	硬<5 mm	硬充填	硬<5 mm	硬>5 mm
	评分	4	3	4	2
	风化程度	未风化	未风化	未风化	未风化
	评分	6	6	6	6
地下水	状态	潮湿	干燥	潮湿	潮湿
	评分	7	15	7	7
节理方向指标修正	走向和倾向	中等的	中等的	中等的	中等的
	评分	-5	-5	-5	-5
RMR		36	68	48	50
分级		Ⅳ级	Ⅱ级	Ⅲ级	Ⅲ级
质量描述		差的岩体	好的岩体	一般岩体	一般岩体

由表 8-2 可知,Ⅱ矿体岩性最好,属好的岩体,分级结果为Ⅱ级,在不支护的情况下,10 m 跨度平均自稳时间 1 年;夹Ⅰ岩体和Ⅰ矿体底板分级结果为Ⅲ级,属一般类型的岩体,在不支护的情况下,5 m 跨度平均自稳时间 1 周;Ⅲ矿体顶板质量最差,分级结果为Ⅳ级,属差的岩体,在不支护的情况下,2.5 m 跨度平均自稳时间 10 h。

③BQ 分级结果。

岩体质量 BQ 分级结果如表 8-3 所示。

表 8-3　岩体质量 BQ 分级结果

打分项	Ⅲ矿体顶板	Ⅱ矿体	夹Ⅰ岩体	Ⅰ矿体底板
Kv	0.31	0.69	0.63	0.73
BQ	287.5	538.8	351.6	366.5
评级	Ⅳ级	Ⅱ级	Ⅲ级	Ⅲ级
定性特征	较坚硬岩,岩体较破碎—破碎	坚硬岩,岩体较完整	较坚硬岩,岩体较完整	较坚硬岩,岩体较完整

由表 8-3 可知，Ⅱ矿体为坚硬岩，岩体较完整，岩性为Ⅱ级；夹Ⅰ岩体和Ⅰ矿体底板为较坚硬岩，岩体较完整，岩性为Ⅲ级；Ⅲ矿体顶板为较坚硬岩，岩体较破碎—破碎，岩性为Ⅳ级。

④分级方法的比较。

RQD 值分级法将Ⅱ矿体、夹Ⅰ岩体和Ⅰ矿体底板划为岩体质量很好或好的类型，Ⅲ矿体顶板岩体质量差；而 RMR 分级和 BQ 分级结果相同，均将Ⅱ矿体划为Ⅱ级，夹Ⅰ岩体和Ⅰ矿体底板划为Ⅲ级，Ⅲ矿体顶板划为Ⅳ级。由于 RQD 值分级法以钻孔岩心总长的百分比来表示，忽略了节理方位、节理连续性的影响；而且由于钻进时水的冲刷、节理间的软弱充填物有时得不到反映，这也是该方法的不足之处。RMR 分级法综合考虑了岩石强度指标、岩石质量指标、节理间距、节理性状、节理裂隙方向指标及地下水影响 6 个方面的因素，考虑较为全面，能够较为客观地对岩体稳定性进行评价。BQ 分级法是国标《工程岩体分级标准》推荐的方法，该标准采用定性与定量相结合的方法为工程岩体分级，除与岩体基本质量的好坏有关外，还受主要软弱结构面、地应力等因素的影响。

综合可见，Ⅱ矿体为坚硬岩且岩体较完整，属好的岩体，分级结果为Ⅱ级，在不支护的情况下，10 m 跨度平均自稳时间 1 年；夹Ⅰ岩体和Ⅰ矿体底板为较坚硬岩，岩体较完整，属一般岩体，分级结果为Ⅲ级，在不支护的情况下，5 m 跨度平均自稳时间 1 周；而Ⅲ矿体顶板虽较坚硬，但破碎、分级结果为Ⅳ级，属差的岩体，在不支护的情况下，2.5 m 跨度平均自稳时间为 10 h。

（3）产状复杂矿段采空区空间特征信息

产状复杂矿段采空区大多位于地表下 200 m 以内，部分浅层空区已连通地表；采空区存在时间较短，大部分采空区存在时间为 10 年以内；采空区总体上较为连续；采空区与矿脉赋存的空间特征基本一致。按类型、位置、空间形态、规模、埋深、连续性等对产状复杂矿段采空区的空间特征信息进行统计，结果见表8-4。

表8-4 产状复杂矿段采空区特征信息统计表

位置			走向/(°)	厚度/m	倾角/(°)	暴露面积/m²	体积/m³	埋深/m	连续性
阶段	矿层	编号							
西北地采南翼 +385 m	Ⅰ	1、2、9	145	2.0	25	3612	7224	<100	分散
	Ⅱ-Ⅲ	49至51	160	2.5	25	11861	29653	<100	
+340 m	Ⅰ	12	50	2.0	22	1280	2561	<150	
	Ⅱ-Ⅲ	52至55	210	2.5	22	10865	27163	<150	
西北地采北翼 +445 m	Ⅰ	20至25	300	1.7	75	7184	12213	<50	连续
	Ⅱ-Ⅲ	62至65	200	4.0	75	3452	13807	<50	
+420 m	Ⅰ	26至31	300	1.7	75	6405	10889	<50	
	Ⅱ-Ⅲ	66至71	300	5.8	75	3471	20129	<50	
+385 m	Ⅰ	32至38	300	1.7	70	5098	8667	<50	
	Ⅱ-Ⅲ	72至75	200	5.8	70	2709	15713	<50	

(4)产状复杂矿段采矿方法

当前西北地采区段产状复杂矿段西端及北翼采用房柱法回采缓倾斜薄矿体，南翼采用浅孔留矿法回采倾斜薄矿体。各采矿方法标准矿房设计参数见表8-5。

表8-5 当前产状复杂矿段采矿方法基本参数

矿体形态	位置		阶段	采矿方法	阶段高度/m	跨度/m	顶底柱/m	间柱/m	凿岩方式	空区处理
薄/倾斜	西北地采区段	北翼	+340 m、+385 m	房柱采矿法	35~45	50	6	—	浅孔	自然冒落强制崩落
薄/急倾斜		南翼	+420 m、+445 m、+465 m	浅孔留矿法	20~25	50	9	6		
			+340 m、+385 m		35~45	50	9	6		

（5）产状复杂矿段地表特征

产状复杂矿段采空区与地表构筑物上下对应关系如图8-2所示。

图 8-2　产状复杂矿段采空区与地表构筑物上下对应关系图

由图8-2可知，产状复杂矿段采空区地表主要存在西北排土场及露天西北采区的露天边坡。

根据大新锰矿的岩层性质，按照岩石移动规律对产状复杂矿段采空区移动带进行大致圈定。产状复杂矿段采空区移动带与地表构筑对应关系如图8-3所示。

（6）产状复杂矿段采空区规模与埋深情况

①产状复杂矿段采空区规模情况。

单体采空区是构成矿山采空区群的要素，按照体积为 $0 \sim 0.8$ 万 m^3、0.8 万 $\sim$ 2 万 m^3、2 万 ~ 5 万 m^3 将单体采空区划分为小规模、中等规模、大规模采空区三个级别，对产状复杂矿段采空区的数量及体积进行统计，结果如表8-6所示。

由表8-6可知，产状复杂矿段以小规模空区为主。

表 8-6　产状复杂矿段采空区规模统计表

小		中		大		合计	
数量/个	体积/m³	数量/个	体积/m³	数量/个	体积/m³	数量/个	体积/m³
38	109723	4	38287	—	—	42	148010

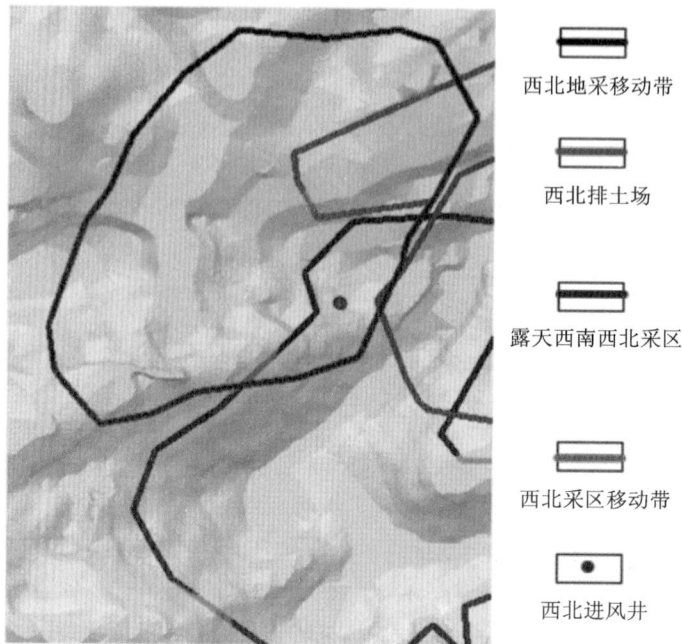

西北地采移动带

西北排土场

露天西南西北采区

西北采区移动带

西北进风井

图 8-3　产状复杂矿段采空区移动带与地表构筑对应关系图

②产状复杂矿段采空区埋深情况。

采空区的稳定性及岩石移动范围受埋深影响较大,借鉴《煤矿采空区岩土工程勘察规范》中对浅部、中深部、深层采空区的定义,对产状复杂矿段采空区按照埋深 50 m、200 m 为分界线将采空区分为浅部、中深部、深层采空区进行统计,结果如表 8-7 所示。

表 8-7　产状复杂矿段采空区埋深统计表

浅层		中深层		合计	
数量/个	体积/m³	数量/个	体积/m³	数量/个	体积/m³
13	35431	29	112579	42	148010

由表 8-7 可知,产状复杂矿段已形成的采空区主要为浅层及中深层采空区,其中浅层矿体已开采结束;中深层矿体正在开采中,即将开采结束。

8.2　产状复杂矿段采空区围岩稳定性评价

8.2.1　数字化模型

利用 3DMine 数字化软件，构建产状复杂矿段采空区数字化模型、矿柱数字化模型和矿体数字化模型，分别如图 8-4~图 8-6 所示。

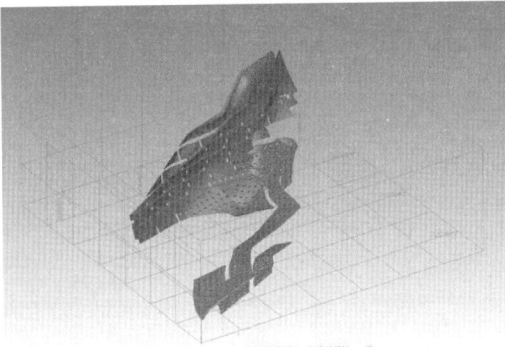

图 8-4　空区数字化模型

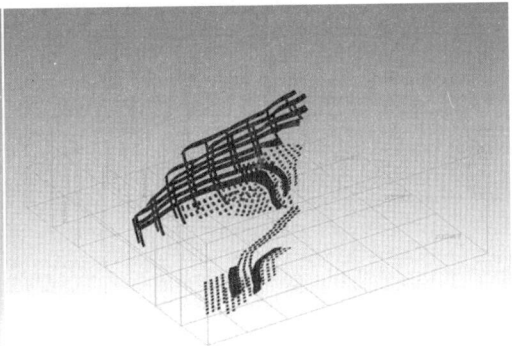

图 8-5　矿柱数字化模型

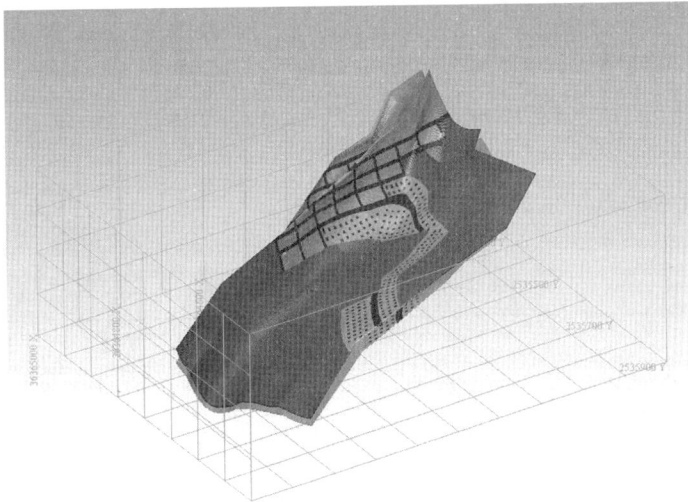

图 8-6　产状复杂矿段数字化模型

8.2.2 矿岩体物理力学参数

(1)矿岩试样物理力学参数室内实验测试结果

为给产状复杂矿段空区围岩稳定性数值计算提供基础依据，开展了矿岩试样物理力学参数室内实验，测试结果如表8-8所示。

表8-8 矿岩物理力学参数室内实验测试结果

测试项		顶板	底板	锰矿石	夹层
密度 ρ_d/(g·cm^{-3})		2.63	2.64	3.33	2.60
抗压强度/MPa		39.99	31.32	100.24	34.69
抗拉强度/MPa		3.09	2.71	10.46	2.76
变形试验	弹性模量 E/GPa	52.44	32.48	84.87	15.86
	泊松比 μ	0.31	0.31	0.16	0.26
抗剪试验	黏聚力 c/MPa	6.63	5.92	10.04	5.98
	内摩擦角 φ/(°)	41.8	41.3	43.2	41.7

(2)力学参数折减

①内聚力 C 折减。

在坚硬的火成岩和变质岩中，常用 M. Georgi 的 C 值折减公式：

$$C_m = [0.114e^{-0.48(i-2)} + 0.02] C_k \tag{8-1}$$

式中：i 为岩体的节理裂隙密度，条/m；C_k 为岩石内聚力，MPa；C_m 为弱化后的岩体内聚力，MPa。

内聚力折减计算结果如表8-9所示。

表8-9 内聚力折减计算结果

	顶板	底板	矿体	夹层
节理面的密度/(条·m^{-1})	16.83	2.72	3.72	5.39
折减系数	0.021	0.73	0.46	0.22
岩石内聚力/MPa	6.63	5.92	10.04	5.98
岩体内聚力/MPa	0.14	4.31	4.60	1.29

②内摩擦角折减。

矿岩体内摩擦角可由试样内摩擦角实验室测定，按矿岩体发育程度乘以表 8-10 所列的折减系数确定。

表 8-10　内摩擦角折减系数

矿岩体特征	内摩擦角折减系数	矿岩体特征	内摩擦角折减系数
裂隙不发育	0.9~0.95	裂隙发育	0.8~0.85
裂隙较发育	0.85~0.9	碎裂结构	0.75~0.8

③弹性模量折减。

根据《有色金属矿山井巷工程设计规范》与相关文献[1]，对弹性模量取 0.5 系数进行折减，折减后得到矿岩体弹性模量如表 8-11 所示。

表 8-11　弹性模量折减计算结果

折减项	顶板	底板	矿体	夹层
岩石弹性模量/GPa	52.44	32.48	84.87	15.86
岩体弹性模量/GPa	26.23	16.23	42.43	7.93

④体积模量和剪切模量。

FLAC^{3D} 使用的弹性常量为体积模量 K 和剪切模量 G，它与杨氏模量 E 及泊松比 μ 之间的转化关系如下：

$$K = \frac{E}{3(1-2\mu)} \tag{8-2}$$

$$G = \frac{E}{2(1+\mu)} \tag{8-3}$$

⑤矿岩体物理力学参数。

矿岩体物理力学参数如表 8-12 所示。

表 8-12　矿岩体物理力学参数

参数项	顶板	底板	矿体	夹层
密度 ρ_d/(g·cm^{-3})	2.63	2.64	3.33	2.60
抗压强度/MPa	18.00	18.79	60.14	19.08

续表

参数项		顶板	底板	矿体	夹层
抗拉强度/MPa		1.39	1.63	6.28	1.52
变形试验	弹性模量 E/GPa	26.23	16.23	42.43	7.93
	泊松比 μ	0.31	0.31	0.16	0.26
	体积模量 K/GPa	23.00	14.24	20.8	5.50
	剪切模量 G/GPa	10.01	6.19	18.3	3.15
抗剪试验	黏聚力 c/MPa	0.14	4.31	4.60	1.29
	内摩擦角 φ/(°)	31.35	35.11	36.72	33.36

8.2.3 数值计算模型

经 3DMine-Surfer-Rhino-ANSYS-FLAC3D 多软件处理过程, 完成产状复杂矿段空区围岩稳定性数值计算模型如图 8-7 所示。

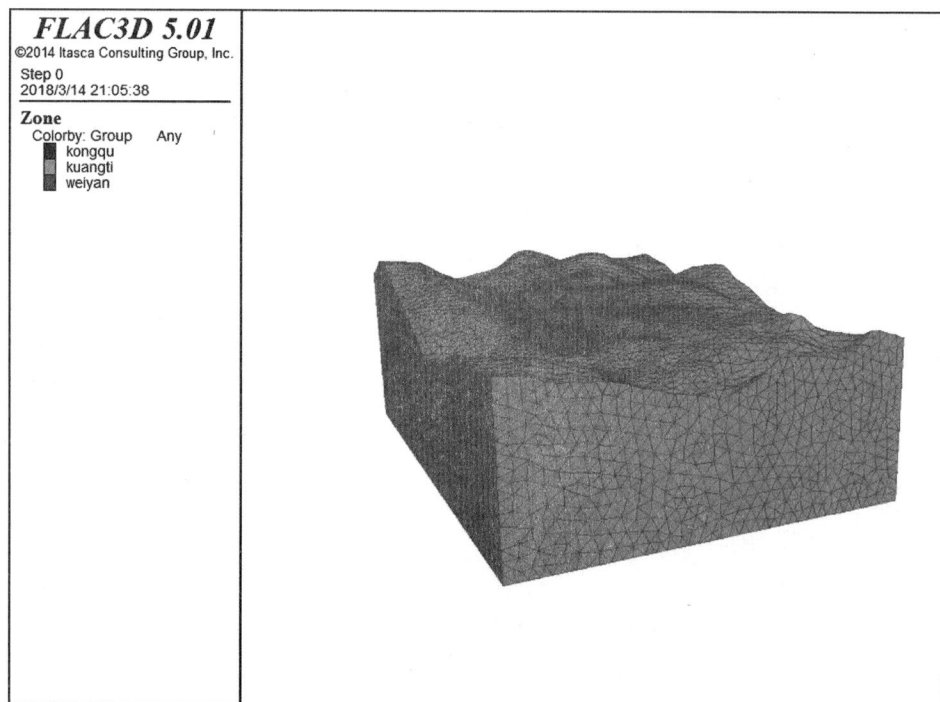

图 8-7 产状复杂矿段空区围岩稳定性数值模型

8.2.4 采空区围岩稳定性计算结果

（1）南翼空区围岩稳定性计算结果

①南翼空区围岩应力计算结果。

以自重应力场作为模拟的初始应力场，开挖后形成 +340 m、+385 m、+420 m、+460 m 四个阶段采空区。南翼空区围岩最大主应力云图、最小主应力云图、XZ 应力云图、YZ 应力云图分别如图 8-8 至图 8-11 所示。

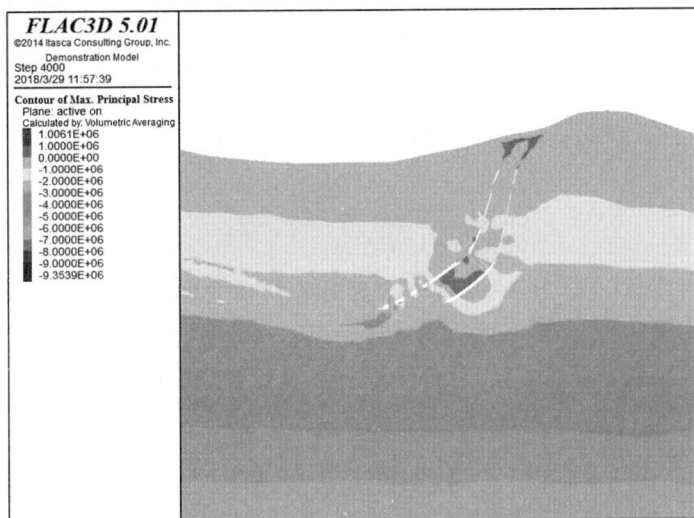

图 8-8 南翼空区围岩最大主应力云图

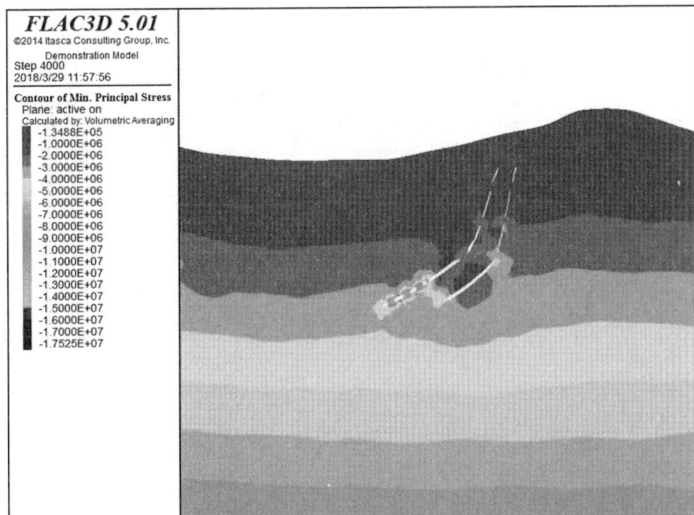

图 8-9 南翼空区围岩最小主应力云图

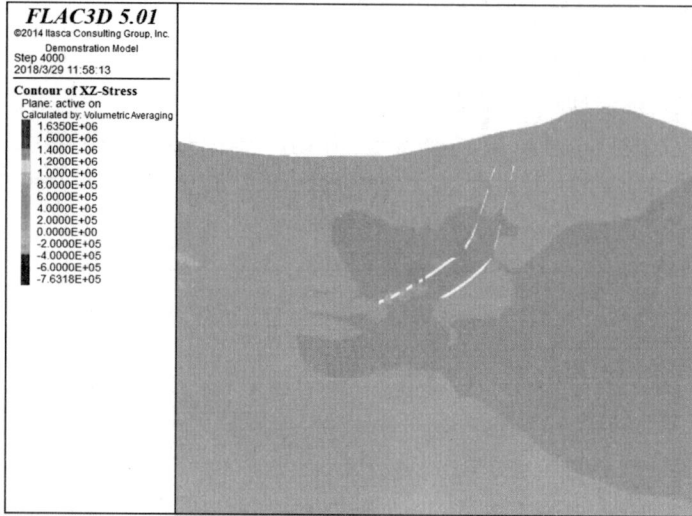

图 8-10　南翼空区围岩 *XZ* 应力云图

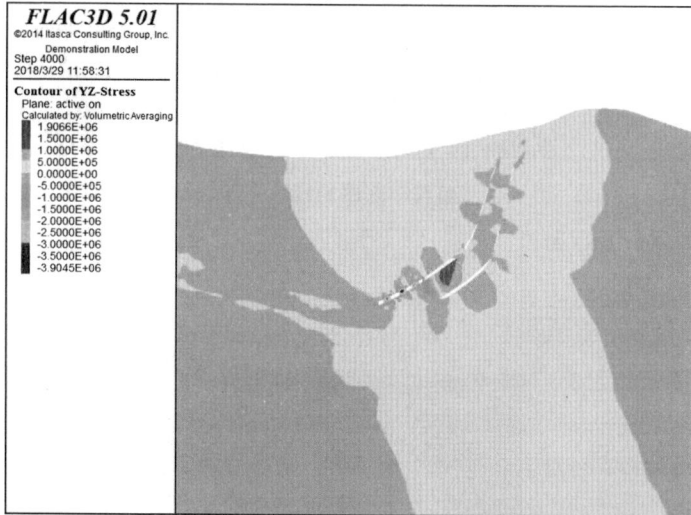

图 8-11　南翼空区围岩 *YZ* 应力云图

由图 8-8 至图 8-11 可知，矿房回采结束后，南翼空区围岩应力分布具有以下特点：

(a)回采结束后，空区顶底板围岩应力重分布，上部覆岩及夹一局部出现拉应力，最大值为 1.01 MPa；虽然拉应力未达到极限抗拉强度，但夹一受多次开采扰动，空区仍存在冒落可能。

（b）采空区上下盘围岩应力重分布，矿柱内出现了不同程度的应力集中现象，随着埋深增加及矿体倾角变缓，矿柱承受压应力越来越大，最大值为 9.53 MPa。

②南翼空区围岩位移数值计算结果。

南翼空区围岩 X 方向位移云图、Y 方向位移云图及 Z 方向位移云图分别如图 8-12 至图 8-14 所示。

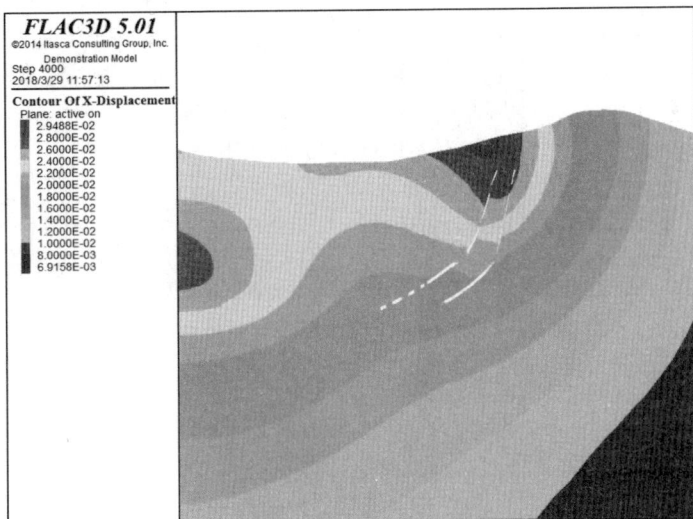

图 8-12　南翼空区围岩 X 方向位移云图

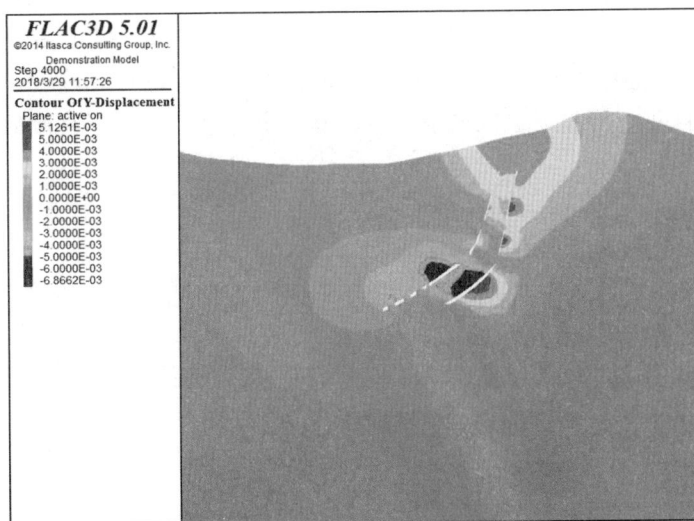

图 8-13　南翼空区围岩 Y 方向位移云图

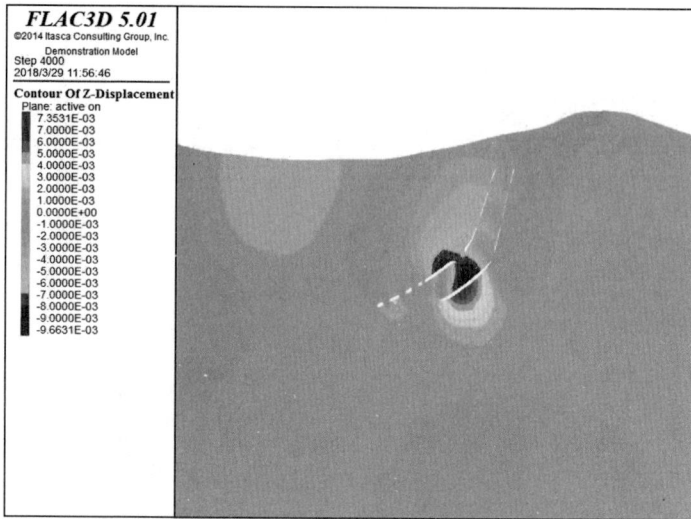

图 8-14　Z 南翼空区围岩 Z 方向位移云图

由图 8-12 至图 8-14 可知，矿房回采结束后，南翼空区围岩 X 方向位移、Y 方向位移及 Z 方向位移分布有以下特点：

（a）南翼资源虽然埋藏较浅，但由于上下盘自重应力场作用，围岩向暴露面方向移动，出现顶板下沉和底鼓变形现象，最大下沉量出现在+340 m 至+380 m Ⅲ矿空区上盘围岩及夹一处，最大下沉量为 8.6 mm；底鼓变形出现在+380 m Ⅰ矿空区底板，最大值为 7.35 mm。空区上下盘围岩水平位移最大值为 6.87 mm。

（b）随着远离上盘区域，位移下沉逐渐减小，至地表时可以看出，地表下沉量最大值为 4 mm，南翼下盘区域应力释放程度相对上盘较小，其位移受开挖扰动影响较上盘略小。

（2）西端空区围岩稳定性计算结果

①西端空区围岩应力数值计算结果。

西端空区围岩最大主应力云图、最小主应力云图、XZ 应力云图、YZ 应力云图分别如图 8-15 至图 8-18 所示。

由图 8-15 至图 8-18 可知，矿房回采结束后，西端空区围岩应力分布具有以下特点：

（a）回采结束后，西端空区顶底板围岩应力重分布，采空区顶板围岩及夹一局部出现拉应力，最大值为 1.03 MPa。

（b）随着采空区上部覆岩部分应力向矿柱及围岩转移，与周围环境应力场比较，矿柱内出现了不同程度的应力集中分布区，最大压应力为 15.9 MPa，最大剪

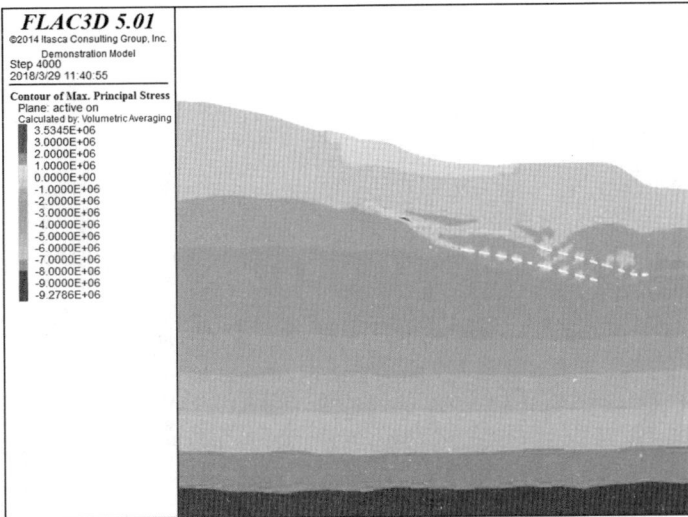

图 8-15　西端空区围岩最大主应力云图

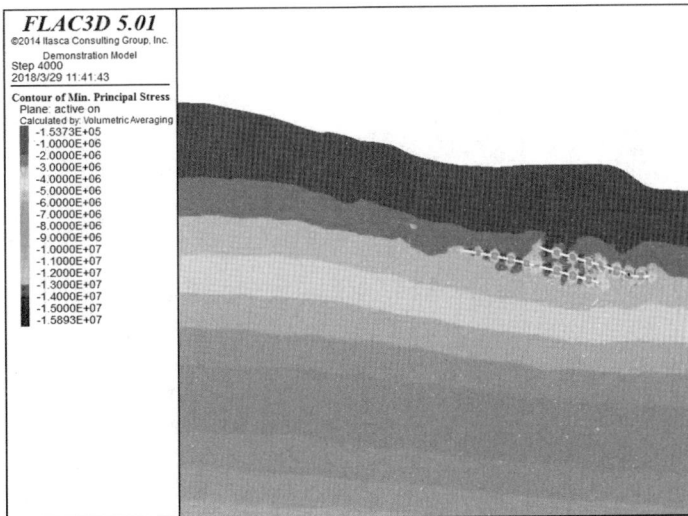

图 8-16　西端空区围岩最小主应力云图

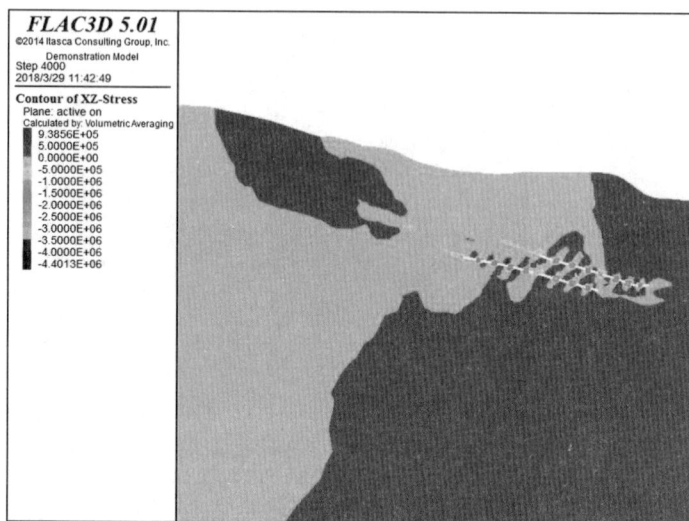

图 8-17　西端空区围岩 *XZ* 应力云图

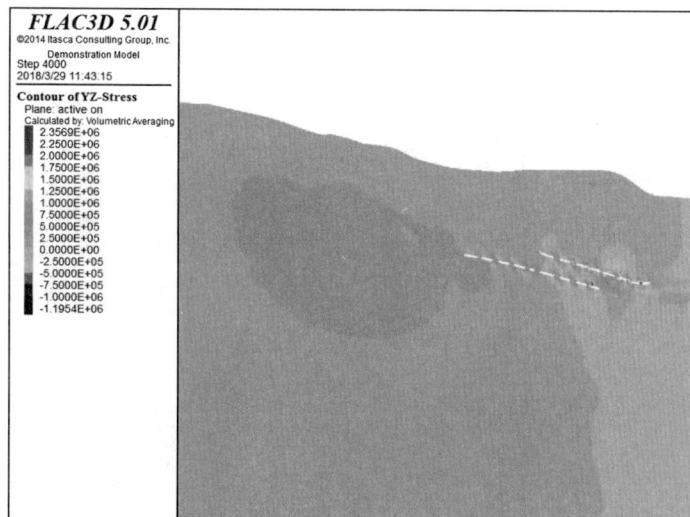

图 8-18　西端空区围岩 *YZ* 应力云图

应力为 2.36 MPa。

②西端空区围岩位移数值计算结果。

西端空区围岩 X 方向位移云图、Y 方向位移云图及 Z 方向位移云图分别如图 8-19 至图 8-21 所示。

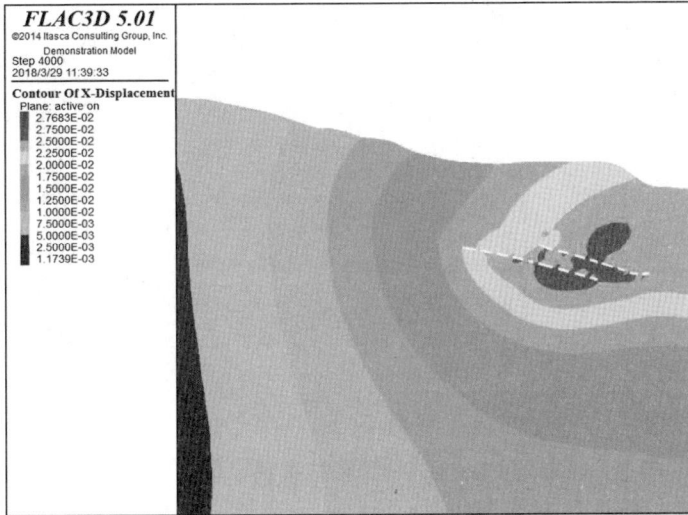

图 8-19　西端空区围岩 X 方向位移云图

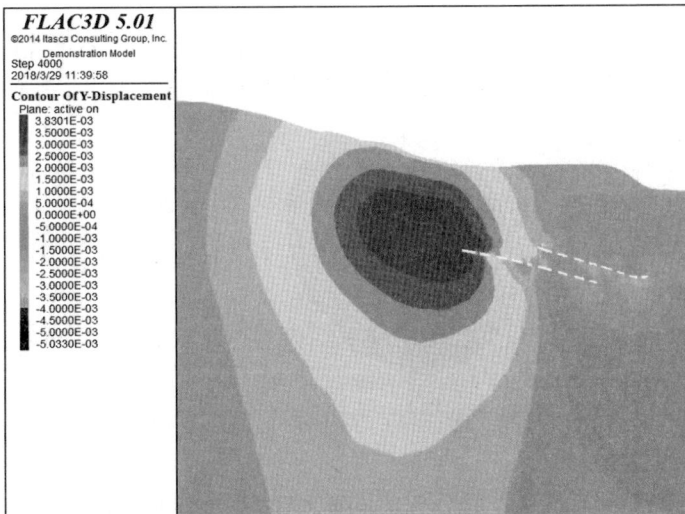

图 8-20　西端空区围岩 Y 方向位移云图

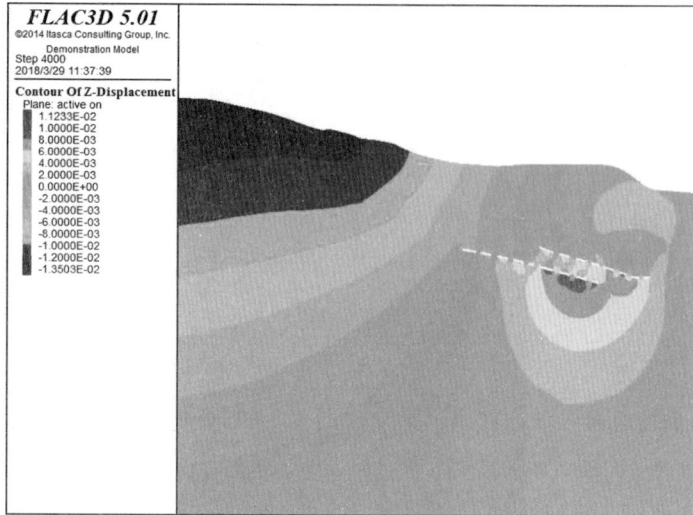

图 8-21　西端空区围岩 Z 方向位移云图

由图 8-19 至图 8-21 可知，矿房回采结束后，西端空区围岩 X 方向、Y 方向及 Z 方向位移场分布具有以下特点：

（a）该区域矿体埋藏较浅，初始应力场不大，使得回采结束后顶底板、地表位移量不大。但由于自重应力场作用，致使其向暴露面方向移动，形成顶板下沉和底鼓变形现象，下沉区域出现在采空区上盘区域，最大下沉量为 5.3 mm。

（b）随着远离上盘区域，位移下沉量逐渐减小，至地表时可以看出，地表下沉量最大值为 13.5 mm。下盘区域应力释放程度相对上盘较小，其位移受开挖扰动影响较上盘略小。

（3）北翼空区围岩稳定性计算结果

①北翼空区围岩应力数值计算结果。

北翼空区围岩最大主应力云图、最小主应力云图、XZ 应力云图、YZ 应力云图分别如图 8-22 至图 8-25 所示。

由图 8-22 至图 8-25 可知，矿房回采结束后，北翼空区围岩应力分布具有以下特点：

（a）回采结束后，北翼空区围岩应力重分布，上下盘围岩及夹一局部出现拉应力，最大值为 0.67 MPa。

（b）随着采空区上部覆岩部分应力向矿柱及围岩转移，矿柱内出现了不同程度的应力集中分布区，最大压应力为 14.3 MPa，最大剪应力为 3.37 MPa。

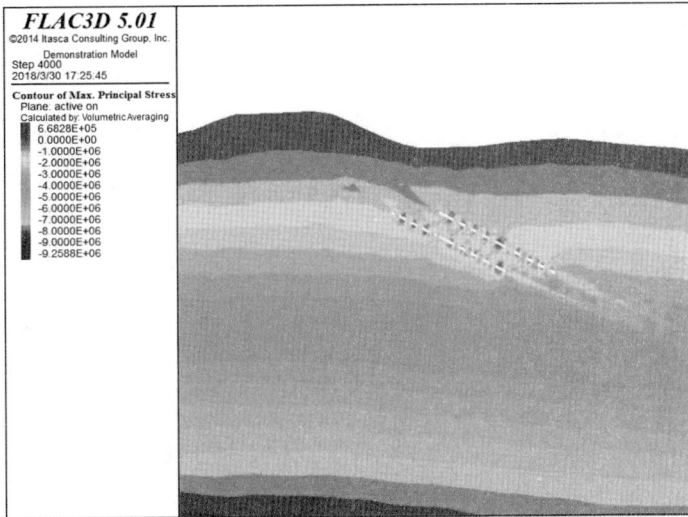

图 8-22　北翼空区围岩最大主应力云图

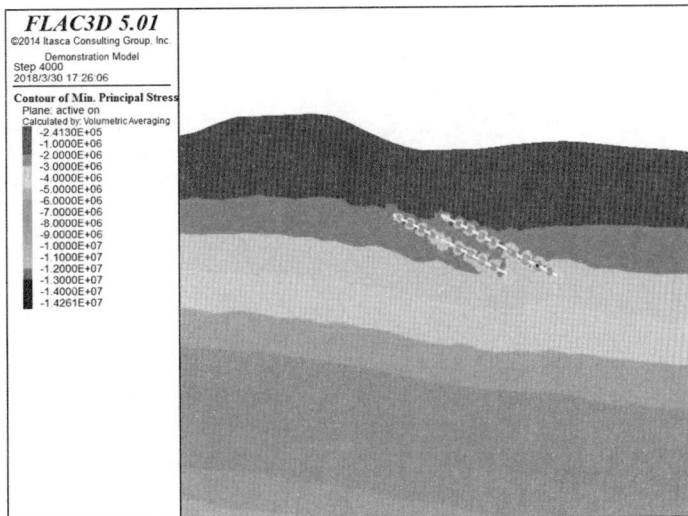

图 8-23　北翼空区围岩最小主应力云图

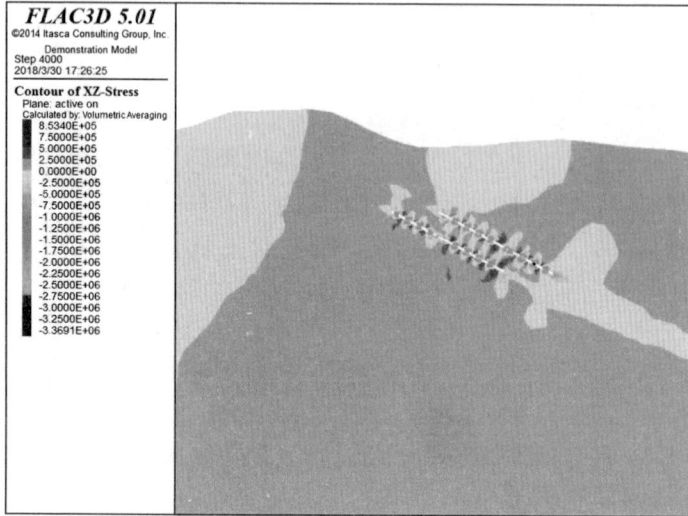

图 8-24　北翼空区围岩 *XZ* 应力云图

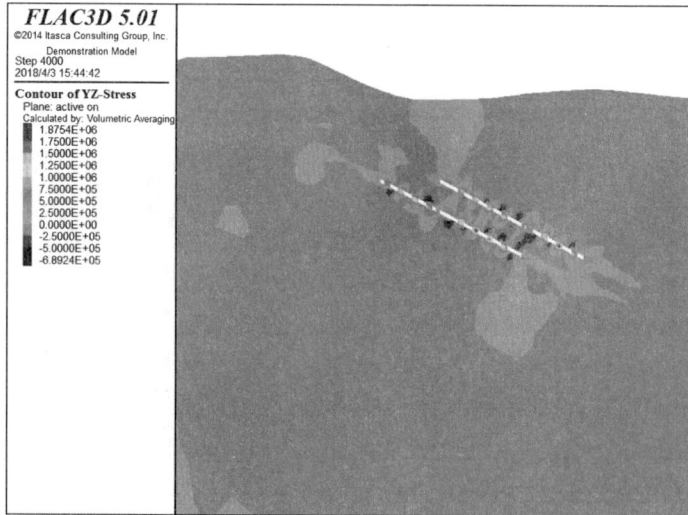

图 8-25　北翼空区围岩 *YZ* 应力云图

②北翼空区围岩位移数值计算结果。

北翼空区围岩 X 方向位移云图、Y 方向位移云图及 Z 方向位移云图分别如图 8-26 至图 8-28 所示。

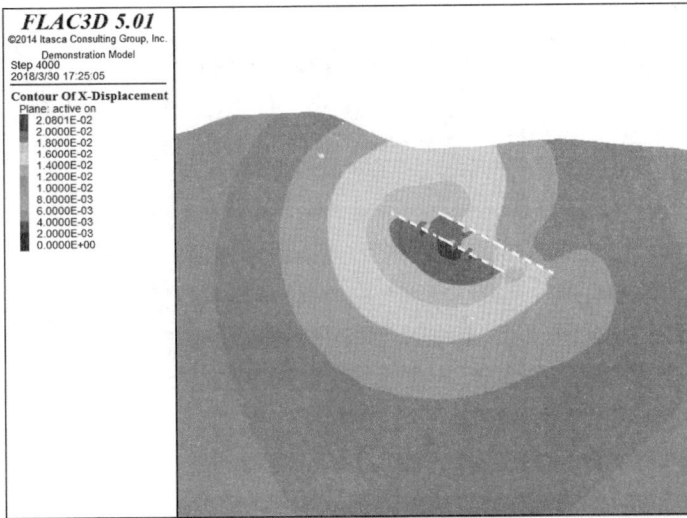

图 8-26　北翼空区围岩 X 方向位移云图

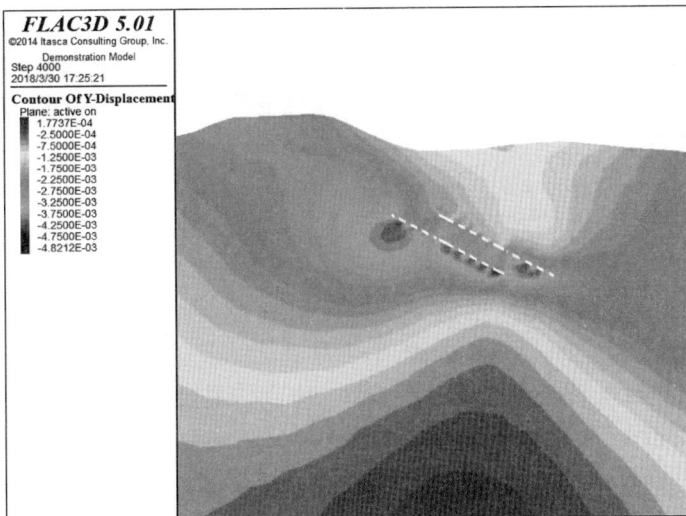

图 8-27　北翼空区围岩 Y 方向位移云图

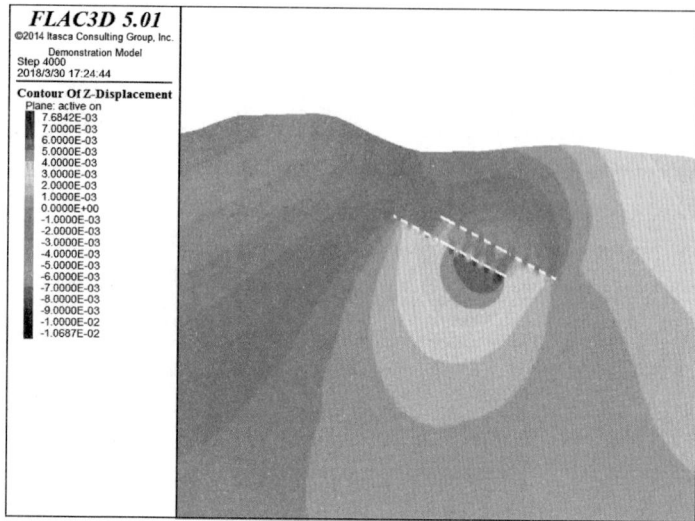

图 8-28　北翼空区围岩 Z 方向位移云图

由图 8-26 至图 8-28 可知，矿房回采结束后，北翼空区围岩 X 方向位移、Y 方向位移及 Z 方向位移分布具有以下特点：

（a）北翼资源埋藏较浅，初始应力场不大，使得回采结束后顶底板、地表位移量不大。但由于自重应力场作用，致使其向暴露面方向移动，形成顶板下沉和底鼓变形现象，最大下沉量出现在采空区上盘区域，且下沉量为 6.5 mm。

（b）随着远离上盘区域，位移下沉量逐渐减小，至地表时可以看出，地表下沉量最大值为 1.07 mm。下盘区域应力释放程度相对上盘较小，其位移受开挖扰动影响较上盘略小。

8.3　单空区安全性分级

根据《金属非金属矿山大中型采空区调研报告》中采空区安全状况分类标准（见表 8-13）以及相应的处置及安全管理要求，将采空区安全程度划分为三级，结合产状复杂矿段采空区稳定性计算结果，将产状复杂矿段采空区分为安全性较差、中等以及较好三个等级，结果见表 8-14。

表 8-13　金属非金属矿山采空区安全性分级标准

分级	安全性	安全状况
Ⅰ级	较差	具有产生规模较大顶板坍塌和局部冒落条件,有显著的变形破坏
Ⅱ级	中等	具备形成规模较小的顶板坍塌和局部冒落条件,局部有明显的变形迹象
Ⅲ级	较好	不具备产生顶板坍塌和局部冒落的条件,无变形破坏迹象

表 8-14　产状复杂矿段单空区安全性分级结果

分级	安全性	空区编号
Ⅰ级	较差	36 至 38、40、41
Ⅱ级	中等	49 至 55、62 至 75
Ⅲ级	较好	1、2、9、12、20 至 35

8.4　单空区处理方法优选

8.4.1　各级单空区处理方法初选

采空区处理的目的是,缓和岩体应力集中程度,转移应力集中的部位,或使围岩的应变能得到释放,改善其应力分布状态,控制地压,保证矿山安全持续生产。目前,采空区处理方法主要有崩落法、充填法、封闭隔离法、支撑法(加固)等四类基本方法。其中:崩落法可分为自然崩落法和强制崩落法;充填法处理采空区按照充填材料的成分和输送方法不同,可分为干式充填法、水力充填法和胶结充填法。

大新锰矿产状复杂矿段可供选择的采空区处理方法主要有胶结充填法、干式充填法(废石充填法)、水力充填法、封闭隔离法、强制崩落法(主要为爆破崩落空区顶板围岩以回填部分空区)、支撑法(顶板加固法)。

基于产状复杂矿段采空区综合信息、稳定性计算结果和安全性分级结果,Ⅰ级、Ⅱ级、Ⅲ级采空区初选的处理方法均是:废石充填法、胶结充填法、水力充填法、封闭隔离法、强制崩落法(爆破崩顶)。

8.4.2　模糊优选模型

评价采空区处理方法优劣的综合指标[2]主要有:可行性、安全性、治理成本及效率等。采空区处理效果好坏是一个模糊概念,初选的采空区处理方法是否适切，可通过多目标模糊优选理论[3]进行综合评价，得出从优到劣排序结果。

优与劣这一对概念有差别又有共同价值且处于两极，具有中介过渡性，是客观存在着的模糊概念，这是优选的模糊性，是事物在优与劣识别过程中所呈现的一种客观属性。

设采空区处理有 n 个决策（方法）满足约束集，并构成决策集 $D=\{d_1, d_2, \cdots, d_n\}$。对于决策集 D，设有 m 个指标构成评价目标集 $P=\{p_1, p_2, \cdots, p_m\}$。

m 个指标对 n 个决策的评价，可用目标特征值矩阵表示，即：

$$X=\begin{bmatrix} x_{11} & x_{12} & \cdots & x_{1n} \\ x_{21} & x_{22} & \cdots & x_{2n} \\ \vdots & \vdots & & \vdots \\ x_{m1} & x_{m2} & \cdots & x_{mn} \end{bmatrix}=(x_{ij}), \quad i=1, 2, \cdots, m; \ j=1, 2, \cdots, n \quad (8-4)$$

对于越大越优目标，其相对优属度公式为：

$$r_{ij}=\frac{x_{ij}-\widehat{j}x_{ij}}{\widecheck{j}x_{ij}-\widehat{j}x_{ij}} \quad (8-5)$$

对于越小越优目标，其相对优属度公式为：

$$r_{ij}=\frac{\widecheck{j}x_{ij}-x_{ij}}{\widecheck{j}x_{ij}-\widehat{j}x_{ij}} \quad (8-6)$$

或者对于越大越优目标，采用另一种相对优属度公式：

$$r_{ij}=\frac{x_{ij}}{\widecheck{j}x_{ij}} \quad (8-7)$$

对于越小越优目标，采用另一种相对优属度公式：

$$r_{ij}=\begin{cases} 1-\dfrac{x_{ij}}{\widecheck{j}x_{ij}} \\ \dfrac{\widehat{j}x_{ij}}{x_{ij}}, & \widehat{j}x_{ij}\neq 0 \end{cases} \quad (8-8)$$

式中：r_{ij} 为决策 j 对目标 i 的相对优属度；$\widecheck{j}x_{ij}$、$\widehat{j}x_{ij}$ 分别为决策集 $j=1, 2, \cdots, n$ 对目标 i 的特征取最大、最小值。

目标特征值差异明显时适用式(8-5)、式(8-6)，目标特征值差异不明显时适用式(8-7)、式(8-8)。

用式(8-5)、式(8-6)或式(8-7)、式(8-8)，将特征值矩阵转换成相对优属度矩阵，即：

$$\boldsymbol{R} = \begin{bmatrix} r_{11} & r_{12} & \cdots & r_{1n} \\ r_{21} & r_{22} & \cdots & r_{2n} \\ \vdots & \vdots & & \vdots \\ r_{m1} & r_{m2} & \cdots & r_{mn} \end{bmatrix} = (r_{ij}) \tag{8-9}$$

最大相对优属度为：

$$g_i = 1 \quad \text{或} \quad g = (g_1, g_2, \cdots, g_m)^{\mathrm{T}} = (1, 1, \cdots, 1)^{\mathrm{T}} \tag{8-10}$$

最小相对优属度为：

$$b_i = 0 \quad \text{或} \quad b = (b_1, b_2, \cdots, b_m)^{\mathrm{T}} = (0, 0, \cdots, 0)^{\mathrm{T}} \tag{8-11}$$

用 u_j、u_j^{C} 分别表示对优、劣的相对隶属度，且 $u_j^{\mathrm{C}} = 1 - u_j$。

设目标有不同权重时，权向量为：

$$\overline{\omega} = (\overline{\omega}_1, \overline{\omega}_2, \cdots, \overline{\omega}_m)^{\mathrm{T}}, \quad \sum_{i=1}^{m} \overline{\omega}_i = 1 \tag{8-12}$$

式中：$\overline{\omega}_i$ 为目标权重。

决策 j 可表示为：

$$\boldsymbol{r}_j = (r_{1j}, r_{2j}, \cdots, r_{mj})^{\mathrm{T}} \tag{8-13}$$

其距优距离为：

$$d_{jg} = p\sqrt{\sum_{i=1}^{m} \left[\overline{\omega}_i (g_i - r_{ij}) \right] p} \tag{8-14}$$

其距劣距离为：

$$d_{jb} = p\sqrt{\sum_{i=1}^{m} \left[\overline{\omega}_i (r_{ij} - b_i) \right] p} \tag{8-15}$$

式中：p 为距离参数，$p = 1$ 为海明距离，$p = 2$ 为欧式距离。

因此，加权距优距离为：

$$D_{jg} = u_j d_{jg} = u_j p\sqrt{\sum_{i=1}^{m} \left[\overline{\omega}_i (g_i - r_{ij}) \right] p} \tag{8-16}$$

加权距劣距离为：

$$D_{jb} = u_j^{\mathrm{C}} d_{jb} = (1 - u_j) p\sqrt{\sum_{i=1}^{m} \left[\overline{\omega}_i (r_{ij} - b_i) \right] p} \tag{8-17}$$

为求解决策 j 相对隶属度 u_j 的最优值，要求 D_{jg} 与 D_{jb} 的平方之和最小，即目标函数为：

$$F(u_j) = D_{jg}^2 + D_{jb}^2 = u_j^2 \left\{ \sum_{i=1}^{m} \left[\overline{\omega}_i (g_i - r_{ij}) \right] p \right\}^{\frac{2}{p}} + (1 - u_j)^2 \left\{ \sum_{i=1}^{m} \left[\overline{\omega}_i (r_{ij} - b_j) \right] p \right\}^{\frac{2}{p}} \tag{8-18}$$

求导，并令 $\dfrac{\mathrm{d}F(u_j)}{\mathrm{d}u_j} = 0$，可得：

$$u_j = \cfrac{1}{1 + \left\{\cfrac{\displaystyle\sum_{i=1}^{m}\left[\overline{\omega}_i(g_i - r_{ij})\right]p}{\displaystyle\sum_{i=1}^{m}\left[\overline{\omega}_i(r_{ij} - b_i)\right]p}\right\}^{\frac{2}{p}}}, \quad j = 1, 2, \cdots, n \qquad (8\text{-}19)$$

将 $g_i = 1$、$b_i = 0$ 代入式(8-19)，得到决策优属度模型为：

$$u_j = \cfrac{1}{1 + \left\{\cfrac{\displaystyle\sum_{i=1}^{m}\left[\overline{\omega}_i(1 - r_{ij})\right]p}{\displaystyle\sum_{i=1}^{m}\left(\overline{\omega}_i r_{ij}\right)p}\right\}^{\frac{2}{p}}} \qquad (8\text{-}20)$$

式(8-19)或式(8-20)称为单空区处理方法的模糊优选模型。

8.4.3 各级单空区处理方法优选结果

（1）Ⅰ级采空区处理方法的优选

利用模糊优选模型，由现场技术员、矿山工作过的有关专家以及高校科研人员组成专家组，对Ⅰ级采空区初选处理方法的安全性、可行性、成本、治理时间等指标进行评分与计算，计算结果不计最高分和最低分，并将计算值进行平均。

最后的评分及计算结果如表 8-15 所示。

表 8-15　Ⅰ级采空区处理方法的评价指标值

处理方法	安全性 （安全系数，10 分计）	可行性 （10 分计）	千方费用 /万元	所需时间 /天
废石充填法	7.0	6.0	2.7	8
胶结充填法	9.0	7.0	6.4	12
水力充填法	7.5	6.5	4.0	10
封闭隔离法	4.5	7.0	0.9	5
强制崩落法	5.0	7.5	1.1	6

将方法评价指标数据构建为多目标系统论域 $p = \{p_1, p_2, p_3, p_4\}$，其中 p_1、p_2、p_3、p_4 分别表示安全系数、可行性、费用、所需时间；$D = \{d_1, d_2, d_3, d_4, d_5\}$，其中 d_1、d_2、d_3、d_4、d_5 分别表示废石充填法、胶结充填法、水力充填法、封闭隔离法、强制崩落法(爆破崩顶)等空区处理方法。

目标特征值矩阵为：

$$X_1 = \begin{bmatrix} 0.778 & 1.000 & 0.833 & 0.500 & 0.556 \\ 0.800 & 0.933 & 0.867 & 0.933 & 1.000 \\ 0.422 & 1.000 & 0.625 & 0.141 & 0.172 \\ 0.337 & 1.000 & 0.833 & 0.417 & 0.500 \end{bmatrix}$$

将目标特征值矩阵利用式(8-9)、式(8-10)转换为目标相对优属度矩阵：

$$R_1 = \begin{bmatrix} 0.778 & 1.000 & 0.833 & 0.500 & 0.556 \\ 0.800 & 0.933 & 0.867 & 0.933 & 1.000 \\ 0.334 & 0.141 & 0.226 & 1.000 & 0.820 \\ 1.000 & 0.337 & 0.405 & 0.808 & 0.674 \end{bmatrix}$$

权向量为 $\overline{\omega} = (\overline{\omega}_1, \overline{\omega}_2, \cdots, \overline{\omega}_m)^T = (0.50, 0.30, 0.10, 0.10)^T$。利用式(8-20)并取距离参数 $p=1$ 的海明距离，即：

$$u_j = \cfrac{1}{1 + \left\{\cfrac{\sum\limits_{i=1}^{m} [\overline{\omega}_i - \overline{\omega}_i r_{ij}]}{\sum\limits_{i=1}^{m} \overline{\omega}_i r_{ij}}\right\}^2} = \cfrac{1}{1 + \left\{\cfrac{1}{\sum\limits_{i=1}^{m} \overline{\omega}_i r_{ij}} - 1\right\}^2},$$

$$i = 1, 2, \cdots, m; j = 1, 2, \cdots, n$$

通过计算可知对"优"的相对隶属度向量为：$u = (0.9115, 0.9585, 0.8898,$ $0.8579, 0.8769)$，即五种空区处理方法的好坏程度由好到坏排序为：胶结充填法、废石充填法、水力充填法、强制崩落法(爆破崩顶)、封闭隔离法。

Ⅰ级采空区最优处理方法为胶结充填法，其次为废石充填法。

(2)Ⅱ级采空区处理方法的优选

利用模糊优选模型，对Ⅱ级采空区初选处理方法的各指标进行打分，不计最高分和最低分，并将计算值进行平均。最后的评分及计算结果如表8-16所示。

表 8-16　Ⅱ级采空区处理方法的评价指标值

处理方法	安全性 (安全系数,10分计)	可行性 (10分计)	千方费用 /万元	所需时间 /天
废石充填法	7.5	7.0	2.5	7
胶结充填法	9.0	5.5	7.0	12
水力充填法	7.5	5.5	4.0	10
封闭隔离法	4.5	7.0	0.9	5
强制崩落法	5.5	7.5	1.0	6

将方法评价指标数据构建为多目标系统论域 $p = \{p_1, p_2, p_3, p_4\}$，其中 p_1、p_2、p_3、p_4 分别表示安全系数、可行性、费用、所需时间；$D = \{d_1, d_2, d_3, d_4, d_5\}$，其中 d_1、d_2、d_3、d_4、d_5 分别表示废石充填法、胶结充填法、水力充填法、封闭隔离法、强制崩落法(爆破崩顶)等空区处理方法。

目标特征值矩阵为：

$$X_2 = \begin{bmatrix} 0.833 & 1.000 & 0.833 & 0.500 & 0.611 \\ 0.933 & 0.733 & 0.733 & 0.933 & 1.000 \\ 0.357 & 1.000 & 0.571 & 0.129 & 0.143 \\ 0.583 & 1.000 & 0.833 & 0.417 & 0.500 \end{bmatrix}$$

将目标特征值矩阵利用式(8-9)、式(8-10)转换为目标相对优属度矩阵：

$$R = \begin{bmatrix} 0.833 & 1.000 & 0.833 & 0.500 & 0.611 \\ 0.933 & 0.733 & 0.733 & 0.933 & 1.000 \\ 0.361 & 0.129 & 0.226 & 1.000 & 0.920 \\ 0.715 & 0.417 & 0.501 & 1.000 & 0.834 \end{bmatrix}$$

权向量为 $\bar{\omega} = (\bar{\omega}_1, \bar{\omega}_2, \cdots, \bar{\omega}_m)^T = (0.50, 0.30, 0.10, 0.10)^T$。

利用式(8-20)并取距离参数 $p = 1$ 的海明距离，即：

$$u_j = \cfrac{1}{1 + \left\{ \cfrac{\sum\limits_{i=1}^{m} [\bar{\omega}_i - \bar{\omega}_i r_{ij}]}{\sum\limits_{i=1}^{m} \bar{\omega}_i r_{ij}} \right\}^2} = \cfrac{1}{1 + \left\{ \cfrac{1}{\sum\limits_{i=1}^{m} \bar{\omega}_i r_{ij}} - 1 \right\}^2},$$

$$i = 1, 2, \cdots, m; \ j = 1, 2, \cdots, n$$

通过计算可知"优"的相对隶属度向量为：$u = (0.9439, 0.9219, 0.8559, 0.8796, 0.9256)$，即五种处理方法的好坏程度排序为：废石充填法、强制崩落法(爆破崩顶)、胶结充填法、封闭隔离法、水力充填法。

Ⅱ级采空区最优处理方法为废石充填法。

(3)Ⅲ级采空区处理方法的优选

利用模糊优选模型，对Ⅱ级采空区初选治理方法的各指标进行打分与处理。最后的评分及计算结果如表8-17所示。

将方法评价指标数据构建为多目标系统论域 $p = \{p_1, p_2, p_3, p_4\}$，其中 p_1、p_2、p_3、p_4 分别表示安全系数、可行性、费用、所需时间；$D = \{d_1, d_2, d_3, d_4, d_5\}$，其中 d_1、d_2、d_3、d_4、d_5 分别表示废石充填法、胶结充填法、水力充填法、封闭隔离法、强制崩落法(爆破崩顶)等空区处理方法。

表 8-17　Ⅲ级采空区处理方法的评价指标值

处理方法	安全性 （安全系数,10分计）	可行性 （10分计）	千方费用 /万元	所需时间 /天
废石充填法	7.0	6.0	2.7	8
胶结充填法	9.0	7.0	6.4	12
水力充填法	7.5	6.5	4.0	10
封闭隔离法	7.5	7.0	0.9	5
强制崩落法	5.0	7.5	1.1	6

目标特征值矩阵为：

$$X_1 = \begin{bmatrix} 0.778 & 1.000 & 0.833 & 0.833 & 0.556 \\ 0.800 & 0.933 & 0.867 & 0.933 & 1.000 \\ 0.422 & 1.000 & 0.625 & 0.141 & 0.172 \\ 0.337 & 1.000 & 0.833 & 0.417 & 0.500 \end{bmatrix}$$

将目标特征值矩阵利用式(8-9)、式(8-10)转换为目标相对优属度矩阵：

$$R_1 = \begin{bmatrix} 0.778 & 1.000 & 0.833 & 0.833 & 0.556 \\ 0.800 & 0.933 & 0.867 & 0.933 & 1.000 \\ 0.334 & 0.141 & 0.226 & 1.000 & 0.820 \\ 1.000 & 0.337 & 0.405 & 0.808 & 0.674 \end{bmatrix}$$

权向量为 $\bar{\omega} = (\bar{\omega}_1, \bar{\omega}_2, \cdots, \bar{\omega}_m)^T = (0.50, 0.30, 0.10, 0.10)^T$。

利用式(8-20)并取距离参数 $p=1$ 的海明距离，即：

$$u_j = \cfrac{1}{1 + \left\{ \cfrac{\displaystyle\sum_{i=1}^{m} [\bar{\omega}_i - \bar{\omega}_i r_{ij}]}{\displaystyle\sum_{i=1}^{m} \bar{\omega}_i r_{ij}} \right\}^2} = \cfrac{1}{1 + \left\{ \cfrac{1}{\displaystyle\sum_{i=1}^{m} \bar{\omega}_i r_{ij}} - 1 \right\}^2},$$

$$i = 1, 2, \cdots, m; j = 1, 2, \cdots, n$$

通过计算可知"优"的相对隶属度向量为：$u = (0.9115, 0.9585, 0.8898, 0.9808, 0.8769)$，即五种处理方法的好坏程度排序为：封闭隔离法、胶结充填法、废石充填法、水力充填法、强制崩落法(爆破崩顶)。

根据上述的好坏程度排序得出：Ⅲ级采空区最优处理方法为封闭隔离法。

8.5　产状复杂矿段采空区处理方案

8.5.1　各级采空区分布状况

总体上，产状复杂矿段的北翼采空区相对分散，而南翼为连续采空区。将产状复杂矿段内Ⅰ、Ⅱ、Ⅲ级采空区的数量按照阶段进行统计，结果见表8-18。

表8-18　产状复杂矿体各级采空区分布状况表

矿层	阶段	数量/个	各类空区数量/个		
			Ⅰ类	Ⅱ类	Ⅲ类
南翼	Ⅰ	+385 m	3	—	—	3
		+340 m	1	—	—	1
	Ⅱ-Ⅲ	+385 m	3	—	3	—
		+340 m	4	—	4	—
北翼	Ⅰ	+445 m	6	—	—	6
		+420 m	6	—	—	6
		+385 m	7	3	—	4
		+340 m	2	2		
	Ⅱ-Ⅲ	+445 m	4	—	4	—
		+420 m	6	—	6	—
		+385 m	4	—	4	—
	合计		46	5	21	20

由表8-18可知，产状复杂矿体以Ⅱ、Ⅲ级采空区为主，其中Ⅰ级采空区位于北翼+385 m和+340 m阶段的Ⅰ矿层采空区，Ⅱ级采空区主要分布在Ⅱ-Ⅲ矿层，Ⅲ级采空区主要分布于Ⅰ矿层。

8.5.2　采空区处理方案

制订产状复杂矿段采空区处理方案时，还应考虑以下几点：

①由于采空区移动范围内没有重点保护对象，理论上可允许采用自然崩落法处理采空区，但实际上自然崩落（冒落）并不充分、不理想，很多时候等于没处理。

　　②产状复杂矿体以Ⅱ、Ⅲ级采空区为主,其中Ⅰ级采空区位于北翼+385 m 和+340 m 阶段Ⅰ矿层采空区,Ⅱ级采空区主要分布在Ⅱ-Ⅲ矿层,Ⅲ级采空区主要分布于Ⅰ矿层。适用于产状复杂矿体采空区处理方法为废石充填法、封闭隔离法及强制崩落法(爆破崩顶)。

　　③北翼矿段+385 m 水平以上急倾斜矿段已开采结束,采空区连续性较好;南翼缓倾斜矿段目前形成的采空区较为分散,采空区处理需考虑对回采作业的干扰。

　　④南翼矿段采空区规模小且空间上比较分散,目前采空区与回采作业区相邻,处理采空区时需考虑对回采工作的干扰。

　　综合考虑采空区综合信息、稳定性计算结果、安全性分级结果和处理方案优选情况以及相关注意事项,最终形成产状复杂矿段采空区处理方案(表 8-19)。其中:南翼矿段采空区可进行强制崩落法与封闭隔离法联合处理方案,即:强制崩落部分采空区顶板围岩,围岩膨胀破碎后形成有效充填采空区,同时封闭隔离采空区各出入口;北翼矿段老采空区可直接采取封闭隔离法并设置地表警戒区的处理方案。

表 8-19　产状复杂矿段采空区处理方案

矿段	矿层	阶段/m	空区编号	处理方案
南翼	Ⅰ	+385	1、2、9	强制崩落部分采空区顶板围岩,围岩膨胀破碎后形成有效充填采空区,同时封闭隔离采空区各出入口
		+340	12	
	Ⅱ-Ⅲ	+385	49 至 51	
		+340	52 至 55	
北翼	Ⅰ	+445	20 至 25	封闭隔离法并设置地表警戒区
		+420	26 至 31	
		+385	32 至 38	
		+340	40、41	
	Ⅱ-Ⅲ	+445	62 至 65	
		+420	66 至 71	
		+385	72 至 75	

8.6 采空区处理方案的实施

8.6.1 地表警戒

产状复杂矿段地表警戒范围为南翼+445 m 阶段采空区顶板的移动带,该区域采空区顶板厚度较薄,顶板垮塌时容易发展到地表。此外由于采空区规模较小,充填或崩落处理成本较高,鉴于范围内没有重点保护建筑,因此在地表划分警戒区。

根据地表移动带的圈定方法,参考表 8-20 中岩石移动角,利用 3DMine 软件中的线扩展到表面功能,可以画出采空区的移动范围。为保证安全,将浅部采空区的移动范围水平向外扩展 10 m 后圈定为警戒区,警戒区平面位置(见图 8-29)。

表 8-20　不同稳固性岩石的移动角

介质名称	垂直矿体走向的岩石移动角/(°)		走向端部的岩石移动角 δ/(°)
	β(上盘)	α(下盘)	
第四纪表土	45	45	45
含水中等稳固片岩	45	55	65
稳固片岩	55	60	70
中等稳固致密岩石	60	65	75
稳固致密岩石	65	70	75

由图 8-29 警戒区范围可以看出,浅部采空区主要威胁中部露天坑的部分边坡,需要安全人员定期对边坡稳定情况进行检查。警戒区附近应有明显的警戒标志,禁止人员或设备靠近。警戒区内采空区对应地表垮塌后,及时组织技术人员进行编测记录,回填工作必须等采空区围岩重新稳定后再组织人员进行。产状复杂矿段对应的地表警戒区水平面积为 4.18×10^4 m²,三维周长约 1290 m。

8.6.2 封闭隔离采空区

封闭隔离通往采空区的井巷有多种形式,比较常用的有崩落围岩封堵、沙袋封堵、构建挡墙封堵,每种封堵方法有其特点及实用性,应根据现场情况进行选择:

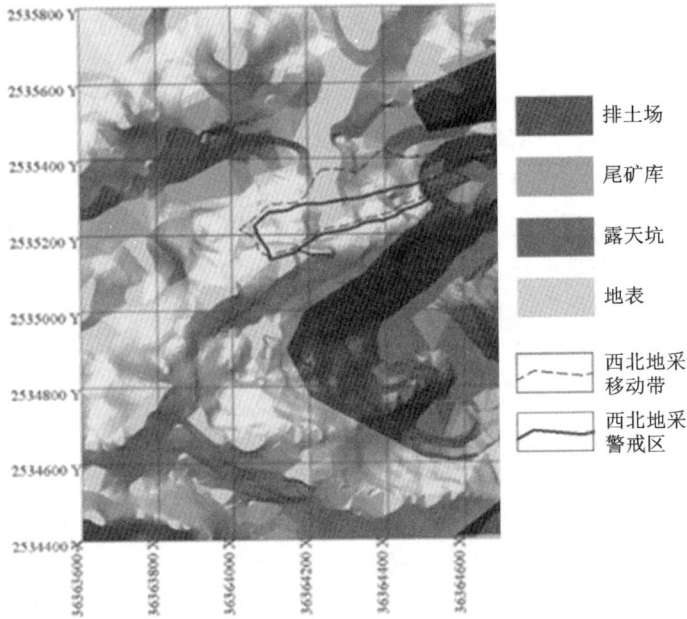

图 8-29　产状复杂矿段地表警戒区示意图

　　①崩落围岩封堵采空区主要适用于巷道、围岩附近不再有采矿作业的情况，为永久性密闭。一般选择巷道工程地质稍差的地段进行崩落，崩落巷道长度视空区大小取 4~8 m，崩落围岩高度以填充满崩落地段巷道和空区为准。这种密闭形式具有施工进度快、成本相对较低、爆破挤压形成的封堵墙密闭性好、可一定程度释放空区周边集中应力、可抗击较强的空气冲击波等优点；但缺点是巷道不可恢复利用，空区排水不便。

　　②用沙袋封堵采空区，既可作永久性密闭，也可作临时密闭。作临时密闭时，在空区废石垫层超过巷道一定高度后，可疏通巷道重新进行采矿作业。这种密闭形式具有施工进度快、成本相对较低、可抗较强的空气冲击波的优点；但缺点是与巷道接顶操作相对要困难，空区排水相对要差一些。

　　③用钢筋混凝土阻波墙封堵采空区具有可抗击较强的空气冲击波、排水和观测方便等优点，但施工复杂、进度慢、成本偏高，适于较低阶段地下水较多情况的大型空区的密闭。构筑钢筋混凝土阻波墙，混凝土墙内布置主筋、副筋，为提高墙的强度，还可在巷道两帮凿深 0.5 m 的锚杆眼，并插入圆钢进行加固。在阻波墙较低位置处可留直径 200~300 mm 的疏水孔用于空区内水的排放，在墙内较高位置处还可留空区观测孔。

　　④采用混凝土砖块或混凝土石块砌筑密闭墙封堵通往空区的主要通道：可作永久性密闭，也可作临时密闭，可布置疏水孔、观测孔。该种密闭形式取材方便、施工进度快、成本低廉，排水和观测方便，可灵活调整。

　　封闭采空区目的是将采空区与生产区隔离，防止由采空区引发的不良危害波及井下生产人员设备，根据采空区与回采区的位置关系可分为三种情况：

　　①远离回采区的老空区。

　　该区域采空区及相关主要巷道设施已全部停用，安全情况不明确。

　　②最高回风水平采空区。

　　该区域采空区底部阶段运输巷作为回采矿块的上部回风巷时，主要封闭采空区底部溜井及不承担回风任务的人行通风井。

　　③回采结束的新采空区。

　　刚回采结束的采空区，采空区底部溜矿井可直接由采空区渣石填满，由于周围采场仍在回采，可封闭不承担回风任务的人行通风井。

　　产状复杂矿段南翼+420 m、+445 m 阶段已回采结束，可直接封堵主要巷道；南翼+385 m 阶段与产状复杂矿体北翼+385 m 阶段、+340 m 阶段采空区靠近回采区域，可将采空区底部的人行通风天井、溜矿井进行封堵。具体情况见表8-21。

表 8-21　井下封闭隔离采空区区域

		阶段	矿层	空区编号	备注
西北地采区段	北翼	+445 m	I	20 至 25	封堵主要巷道
			II-III	62 至 65	
		+420 m	I	26 至 31	
			II-III	66 至 71	
		+385 m	I	32 至 38	封堵天井与溜井
			II-III	72 至 75	
		+340 m	I	40、41	
	南翼	+385 m	I	1、2、9	
		+340 m	I	12	

　　由于产状复杂矿段南翼+420 m 阶段以上采空区存在时间较长，相关主要巷道工程及设施已全部停用，此类采空区可直接在+465 m 阶段及+445 m 阶段平硐开拓主巷构筑混凝土挡墙或将部分巷道直接崩落封闭。若封闭区内存在通风井、主要配电设施、排水设施或需要重点关注的危险源时，需保留必要的安全通道。

产状复杂矿段南翼+385 m 阶段运输巷兼顾下方回采区域的回风及部分运输工作；北翼+385 m 及+340 m 阶段采空区相邻矿房仍在回采。该区域采空区运输巷需要保留或部分需要保留。

根据该区域采矿方法的采场结构特点可知，水平相邻采空区之间连通性较好，而上下阶段采空区之间受顶底柱的阻隔，通过人行通风井-阶段运输巷-人行通风井（溜矿井）间接连通，其中阶段运输巷起到枢纽作用。回风巷周围采空区的封闭处理，主要由运输巷隔断连通采空区的井巷，其中溜井封闭可采用废石填满，通上人行井的封闭可采用沙袋堆积，通下人行井的封闭可采用沙袋或混凝土垒墙，房柱法的封堵方法示意图如图 8-30 所示，留矿法的封堵方法示意图如图 8-31 所示。

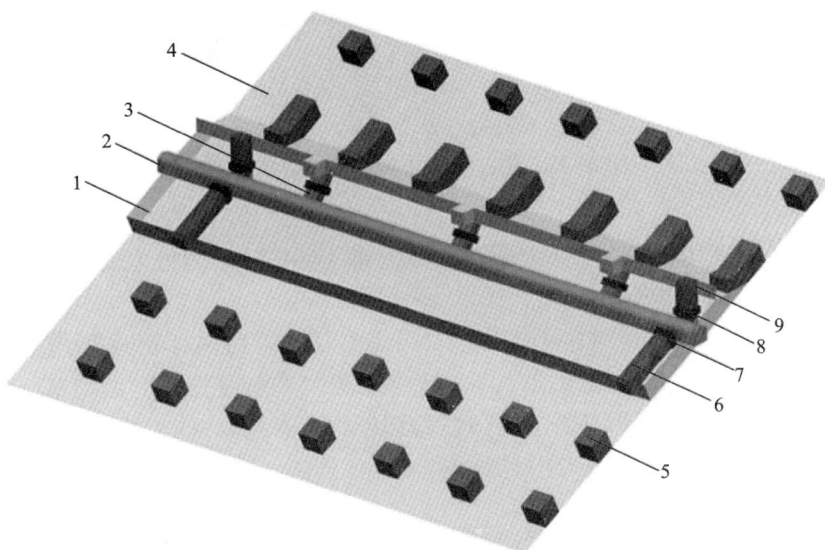

1—顶柱；2—运输巷；3—溜矿井；4—采空区；5—点柱；
6—通下人行井；7—封堵位置；8—底柱；9—通上人行井。
图 8-30 房柱法采空区封堵示意图

封闭治理采空区需要考虑空区顶板垮落形成的气浪冲击。顶板冒落产生的冲击气浪的速度[4]公式为：

$$v = \frac{ab\sqrt{2gh}}{h[1.5(a+b)-\sqrt{ab}]} + \theta\sqrt{\frac{CgAH}{S-A}} \qquad (8-21)$$

式中：a 为冒落块体长半轴，m；b 为冒落块体短半轴，m；h 为冒落块体水平投影面积大处的高度，m；H 为冒落块体冒落高度，m；A 为冒落块体水平投影面积，

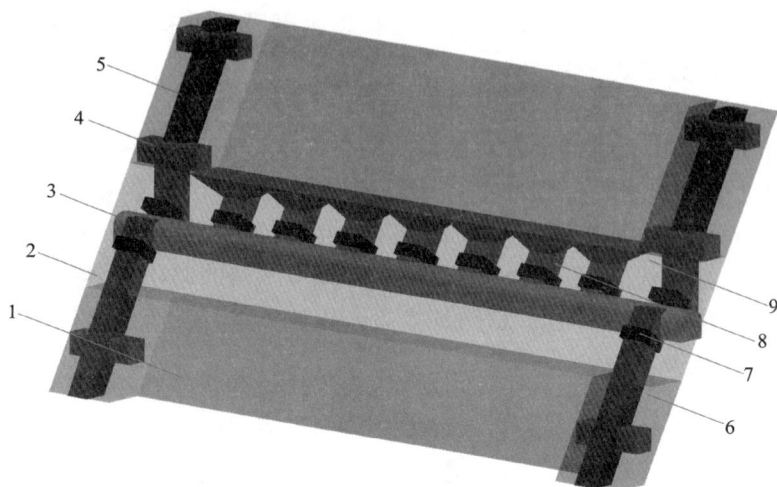

1—采空区；2—顶柱；3—运输巷；4—联络道；5—人行通风井；
6—间柱；7—封堵位置；8—溜矿井；9—底柱。

图 8-31　浅孔留矿法采空区封堵示意图

m^2；S 为空区顶板面积，m^2；C 为阻力系数，取 $C=4.5$；g 为重力加速度，m/s^2；θ 为气流转向系数，取 $\theta=0.8$。

考虑到大新锰矿为房柱法形成的浅层采空区，矿房内存留规则点柱支撑顶板，且整体采幅不大，根据模拟结果，不会出现大规模顶板的突然垮落。因此按照采空区矿柱布置参数取矿柱间最大冒落块体规格为 8 m×8 m×2 m，根据 Ⅰ、Ⅱ-Ⅲ矿块标准参数按式(8-21)计算得：

$$v_{\text{I}} = 14.7 \text{ m/s}$$

$$v_{\text{II}} = 13.6 \text{ m/s}$$

安全规程规定的空气安全速度为小于 12 m/s，计算值均略大于安全速度。考虑到房柱法形成的采空区贯通性较好，冒落气流容易疏通，且采空区就有一定的自稳时间，目前无需设计专门阻波挡墙。

尺寸为 50 m×40 m×4 m 的留矿法采空区，假设局部顶柱脱落(30%)，其块度为 13 m×3 m×3 m，其形成的冲击气浪波速 v 为 22.01 m/s。

计算值大于安全规程规定的安全速度，需设计专门阻波挡墙。根据所求空气速度带入下式可获得空区冒落时对挡墙产生的冲击力 N。

$$N = C \times \delta \times S \times v^2 / 28 \tag{8-22}$$

式中：C 为空气巷道阻力系数；δ 为空气容重，kg/m^3；S 为巷道断面积，m^2；v 为气流速度，m/s。

砌体或碎石堵体所能承受推力由下式计算得到：

$$R = L \times h \times w \times \delta \times f \tag{8-23}$$

式中：L 为堆砌长度或挑顶封堵长度，m；h 为巷道高度，m；w 为巷道宽度，m；δ 为砌体或封堵碎石容重，kg/m³；f 为滞留摩擦阻力系数。

当 $R > N$ 时，空区的封堵才是安全的，经计算，厚度应不小于 1 m。

8.6.3　崩落采空区

崩落采空区区域主要为产状复杂矿体北翼的 Ⅱ-Ⅲ 矿层采空区，其中西北采区 +340 m 阶段 Ⅱ-Ⅲ 矿层采空区只崩落底部，具体见表 8-22。

表 8-22　崩落采空区区域

	阶段	矿层	采场编号	备注
产状复杂矿体南翼	+385 m	Ⅱ-Ⅲ	49 至 51	空区底部和顶部部分崩落
	+340 m	Ⅱ-Ⅲ	52 至 55	

对产状复杂矿体 Ⅱ 矿房柱法采空区的崩落处理，可通过爆破点柱放顶或采用扇形中深孔强制放顶。前者适用于刚回采结束，矿柱及围岩未失稳的采空区；后者适用于存在时间较长，矿柱及围岩稳定性较差，人员不允许进入的老采空区。

对于新采空区进行爆破点柱放顶处理时，可在回采时提前在点柱中施工钻孔，当回采结束后统一装药爆破点柱；视矿柱现场情况进行凿岩爆破，只需破坏矿柱整体性诱导顶板崩落即可，对顶板崩落不成功的需强制放顶。

对于老空区进行扇形中深孔强制放顶处理时，由于老采空区不允许人员进入，因此在作业中需要注意以下几个方面：

①凿岩井巷布置。

扇形中深孔强制放顶需要掘进施工一定的凿岩巷来满足扇形中深孔的施工条件，凿岩巷必须布置在稳固的岩石中，并与阶段运输巷保持一定的安全距离。由房柱法形成的采空区凿岩巷应布置在顶底柱周围，其凿岩巷布置示意图如图 8-32 所示。

具体施工方法：由于运输巷疏通上向人行井、溜井，由人行井（溜井-下盘电耙硐室）向上掘进 2 m 后沿走向劈帮后水平掘进凿岩硐室，由硐室迎头向上劈帮掘进第二层炮孔凿岩硐室，凿岩规格为 2.5 m×2 m；当由凿岩硐室直接施工多排扇形孔时，需要适当提高硐室规格。

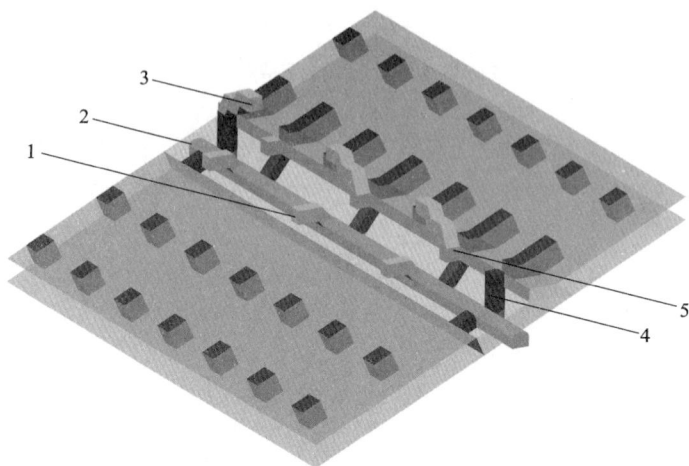

1—顶柱凿岩巷道；2—运输巷；3—底柱凿岩巷道；4—人行通风井；5—电耙硐室。

图 8-32　房柱法采空区处理凿岩巷布置

②放顶厚度计算。

理想的放顶效果是顶板围岩爆破后碎渣直接充满采空区，崩顶厚度计算如表 8-23 所示。

表 8-23　崩顶厚度计算表

顶板高度		2 m	2.5 m	3 m	3.5 m	4 m
碎胀系数	1.4	5.0	6.3	7.5	8.8	10.0
	1.5	4.0	5.0	6.0	7.0	8.0
	1.6	3.3	4.2	5.0	5.8	6.7
	1.7	2.9	3.6	4.3	5.0	5.7

③扇形中深孔的施工。

根据中部采区采用的垂直扇形中深孔回采经验，放顶时扇形面应沿采空区顶板面倾斜向上(下)；强制放顶对凿岩爆破的要求要低于回采，采空区顶板强制放顶不需要考虑大块产出率，因此排距及孔底距可适当提高，炮孔的有效长度取 20 m，排距 2 m，孔底距 5 m，相应爆破后岩石碎胀系数会降低，取 1.5。炮孔水平布置示意图如图 8-33 所示，布置炮孔及装药时应尽量避开点柱。炮孔侧视图如图 8-34 所示。

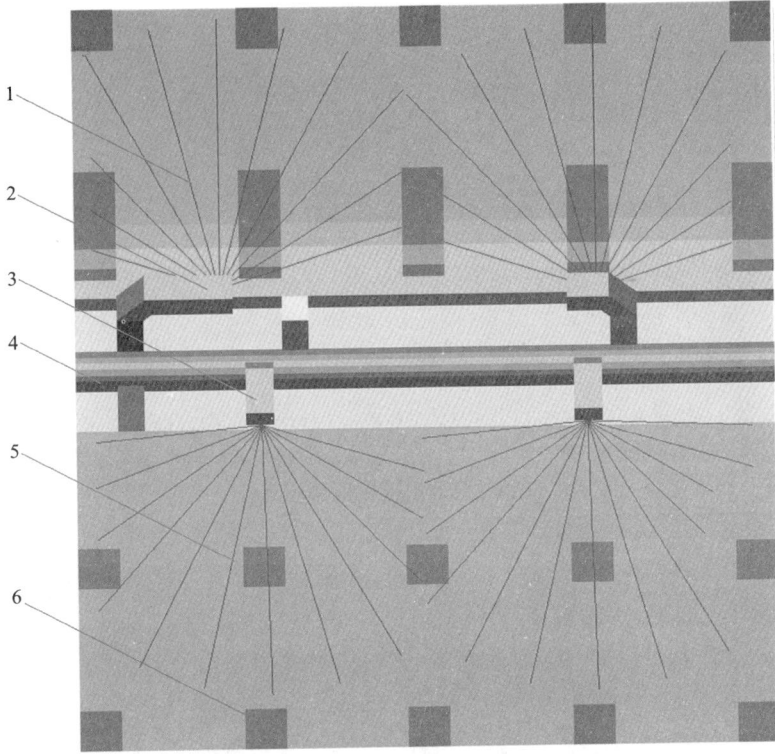

1—逆倾向扇形中深孔；2—空区底柱凿岩工程；3—空区顶柱凿岩工程；

4—运输巷；5—沿倾向扇形中深孔；6—点柱。

图 8-33　扇形中深孔布置示意图

由于采空区斜长 60~70 m，中深孔爆破无法将全部采空区顶板强制放顶，但可消除 50% 的采空区，并在顶底柱上下沿倾向形成约 20 m 的岩石散体隔离层，具体如图 8-35 所示。

对产状复杂矿体 Ⅱ-Ⅲ 矿层采空区崩落处理工程量进行估算，按照底柱工程量平均 30 m³，顶柱工程量平均 20 m³，崩顶量按照平均 16 m 宽度，3.5 m 厚度，崩顶工程量计算结果见表 8-24。

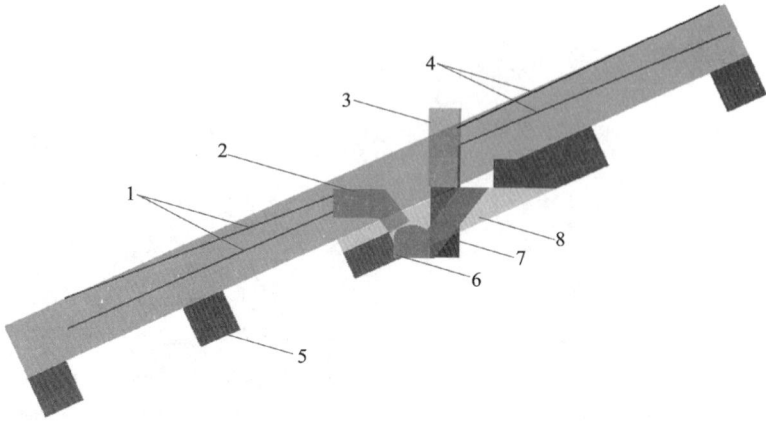

1—沿倾向扇形中深孔；2—空区顶柱凿岩工程；3—空区底柱凿岩工程；
4—逆倾向扇形中深孔；5—间柱；6—运输巷；7—人行通风天井；8—顶底柱。

图 8-34　炮孔布置侧视图

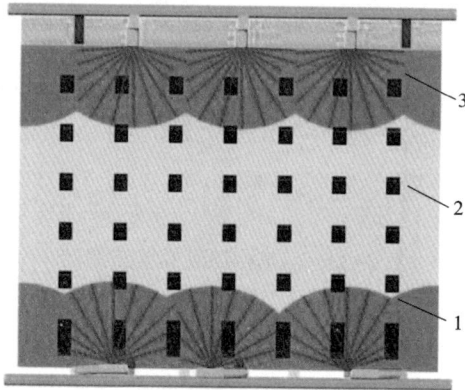

1—采空区上部放顶区域；2—未放顶采空区；3—采空区下部放顶区域。

图 8-35　采空区放顶范围示意图

表 8-24　空区放顶工程量表

阶段	空区编号	凿岩巷		崩顶量/m³
		数量/个	工程量/m³	
+385 m	49 至 51	22	520	25344
+340 m	52 至 55	18	450	20890

参考文献

［1］李俊平，张浩，李鹏伟. 毕机沟露天矿岩体力学参数折减系数的数值模拟确定［J］. 安全与环境学报，2016，16(5)：140-145.

［2］刘敦文，古德生，徐国元. 地下矿山采空区处理方法的评价与优选［J］. 中国矿业，2004，13(8)：52-55.

［3］张伟东，纪昌明，王丽萍，等. 模糊优选决策模型在水电站群容量分配中的应用［J］. 水电能源科学，2004，22(1)：44-47.

［4］李再扬. 穿岩洞矿段地下采空区处理方法的研究［D］. 重庆：重庆大学，2009.

图书在版编目（CIP）数据

产状复杂矿体分区协同开采技术／陈庆发等著. —长沙：中南大学出版社，2022.3

ISBN 978-7-5487-4758-1

Ⅰ. ①产… Ⅱ. ①陈… Ⅲ. ①矿山开采 Ⅳ. ①TD8

中国版本图书馆 CIP 数据核字（2021）第 265038 号

产状复杂矿体分区协同开采技术
CHANZHUANG FUZA KUANGTI FENQU XIETONG KAICAI JISHU

陈庆发　　吴贤图　　肖体群
　　　　　　　　　　　　　　　　著
韦志兴　　段志伟　　唐秀伟

□出 版 人　吴湘华
□责任编辑　史海燕
□责任印制　唐　曦
□出版发行　中南大学出版社
　　　　　　社址：长沙市麓山南路　　　　邮编：410083
　　　　　　发行科电话：0731-88876770　　传真：0731-88710482
□印　　装　湖南省汇昌印务有限公司

□开　　本　710 mm×1000 mm　1/16　□印张 12　□字数 237 千字
□版　　次　2022 年 3 月第 1 版　□印次 2022 年 3 月第 1 次印刷
□书　　号　ISBN 978-7-5487-4758-1
□定　　价　65.00 元